Maja Hegge

Im Einklang mit Pferden

Harmonie und Leichtigkeit durch feines Kommunizieren

Zugang zu einem Pferd bekommt, wer offen, kindlich und intuitiv ist.

BILDNACHWEIS

Coverfotos: **Sandra Reitenbach**

Fotos im Innenteil:

Julia Döttling: 31

Rita Elter: 3

Nina Feith: 1, 4, 7, 118, 122, 123, 130

Katrin Firlus: 16, 21, 30

Lena Meder: 17, 19, 23, 28, 35, 41, 45, 54, 98, 120, 155

Sabine Scharnberg: 8, 10, 11, 14, 22, 43

Manuel Schmidt: 2, 5, 6, 12, 18, 36, 72, 116, 154

Julia Wilbers: 150, 152

Alle anderen Bilder sind von **Sandra Reitenbach**

(ausgenommen: 24, 26, 33, 38, 39, 40, 42, 52, 107, 126)

IMPRESSUM

Layout und Redaktion: **Susanne Kreuer**

© Pepper Verlag 2018
ISBN-13: 978-3-946239-14-7

Alle Angaben und Methoden in diesem Buch sind sorgfältig geprüft und erwogen worden. Sorgfalt bei der Umsetzung ist indes dennoch geboten. Der Verlag übernimmt keinerlei Haftung für Personen-, Sach- und Vermögensschäden, die im Zusammenhang mit der Anwendung und Umsetzung entstehen können.

Respekt voreinander ist die Grundlage von allem, was wir mit einem Pferd erreichen wollen.

Inhalt

Vorwort von Arien Aguilar   9

Der Schlüssel zum Pferd ist Demut

Einleitung   13

Pferde wissen, worauf es ankommt

1   Grundlagen   19

Wie wir die Voraussetzungen bei uns selbst schaffen

Bauchgefühl   20

Freundschaft   22

Sicherheit   25

Bestärkung   28

Entschlossenheit   31

Anteilnahme   34

2   Kommunikation   37

Wie wir durch Verständigung Verständnis erzeugen

Präsenz   42

Kooperation   46

Einigkeit   51

Akzeptanz   55

Nachgiebigkeit   59

Grenzen   64

3   Freiarbeit   73

Wie ein Gefühl einem Gefühl zu folgen beginnt

Achtsamkeit   76

Bewegung   79

Einladung   84

Folgen   88

Lernen   91

Freiwilligkeit   97

4   Reiten   117

Wie durch Balance und Losgelassenheit Harmonie entsteht

Angemessenheit   120

Verbindung   123

Gleichgewicht   125

Basics   131

Gymnastizieren   140

Abschlussgedanken   155

Einen Blick in die Zukunft wagen

Es gibt einen gewaltigen Unterschied zwischen dem Trainieren eines Pferdes und einem Beziehungsaufbau zu dem Tier.

Vorwort

Der Schlüssel zum Pferd ist Demut

Die wichtigste und entscheidendste Eigenschaft, die man als Mensch haben sollte, wenn man eine Beziehung zu einem Pferd aufbauen möchte, ist **Bescheidenheit**. Oft höre ich Leute sagen, dass jemand als Mensch nicht besonders nett ist, aber dafür ein großartiger Pferdetrainer. Diese Aussage bezieht sich allerdings nur auf das Pferdetraining selbst. Aus meiner Sicht gibt es einen gewaltigen Unterschied zwischen dem Trainieren eines Pferdes und einem **Beziehungsaufbau** zu dem Tier.

Tatsächlich gibt es heutzutage viele Menschen, die ein Pferd dazu bewegen können, etwas Bestimmtes zu tun – manche arbeiten zu diesem Zweck mit Angst, andere setzen auf Bestechung. Doch es gibt auch einige Wenige, die fähig sind, eine wirkliche Bindung zu einem Pferd einzugehen. In einem solchen Fall absolviert das Pferd eine Übung, weil der Mensch es wert ist und nicht, weil das Pferd etwas dafür bekommt.

Wer genau hinsieht, der erkennt die Bescheidenheit
in diesen Menschen.

Diese Menschen wissen, dass das, was sie wissen, nicht die einzige richtige Wahrheit, sondern lediglich ihre subjektive Sichtweise ist. Diese Menschen möchten von Pferden lernen und präsentieren sich dabei fair und zuverlässig. Sie akzeptieren, dass Lob und Begeisterung nicht die einzigen Wege sind, um Liebe zu zeigen. Sie sind sich darüber im Klaren, dass auch eine negative Konsequenz auf ein unerwünschtes Verhalten ebenfalls ein Ausdruck von Liebe sein kann. Aus einem guten Grund: Man zeigt dem Pferd, dass man ihm **Fürsorge und Obhut** zuteilwerden lässt und dass man fähig ist, mehr als nur Geschenke zu verteilen, die jeder hätte geben können.

Manchmal glaube ich, dass Pferde uns testen, um zu überprüfen, wie viel wir bereit sind für das zu tun, was wir von ihnen verlangen.

Wer Maja zuhört, der bemerkt schnell, dass sie von Pferden lernen möchte und sich ihnen gegenüber fair verhält. Sie ist bereit, die Arbeit zu leisten, die nötig ist, um eine echte Beziehung aufzubauen und nicht nur einen Trick beizubringen. Maja ist mutig genug, um Dinge auszuprobieren, hat aber auch gleichzeitig die Stärke zu akzeptieren, wenn etwas nicht funktioniert. Genau diese Kompetenzen machen sie zu einem groß-artigen Menschen, der fähig ist, Beziehungen zu anderen Menschen und zu Pferden aufzubauen, die auf **Balance** und dem persönlichen **Wachstum** des Individuums beruhen.

Inneres und äußeres Gleichgewicht sind entscheidend, um eine Bindung herzustellen.

Ich hatte das Glück, dass ich als Sohn von Alfonso Aguilar geboren wurde. Allerdings war ich mir schon sehr früh darüber bewusst, dass die Beziehung zu einem Pferd – und auf dieser Grundlage gemeinsam Großartiges umzusetzen – nicht vererbbar ist. Glücklicherweise hat mein Vater mich unterstützt, denn guter Rat und Unterstützung sind die wichtigsten Grundlagen, wenn man in der Welt der Pferde etwas bewirken möchte. Schnell verliert man den Überblick und vergisst, warum man ursprünglich einen bestimmten Weg einschlug.

Von all den Pferdetrainern, die ich als meine Freunde betrachte und die ein wertvoller Teil meines Weges und meiner Lebensaufgabe sind, ist Maja eine sehr wichtige. Erstmalig traf ich sie in ihrem Zuhause, um sie für eine meiner Veranstaltungen zu gewinnen. Im Laufe unserer gemeinsamen Zeit konnte ich beobachten, wie sie von einer Social-Media-Berühmtheit zu einer wahren Leitfigur, Inspiration und Lehrerin für viele heranwuchs. Ihre **Bodenständigkeit** und ihre **Bescheidenheit** sind für mich wertvolle Persönlichkeitsmerkmale. Sie ist fähig, eine innige Beziehung mit ihren Pferden einzugehen – und dies auf eine Weise, dass es jeder in ihrer Gegenwart fühlen und spüren kann. Daher bin ich glücklich, Maja meine Freundin zu nennen und freue mich, sie zu unterstützen und ihr jederzeit mit gutem Rat zur Seite zu stehen. Und auch wir können alle von ihren Überzeugungen und Erfahrungen lernen.

Arien Aguilar

Beziehungsarbeit ist in erster Linie die Arbeit an sich selbst.

Einleitung

Pferde wissen, worauf es ankommt

Dass Pferde und Menschen unterschiedlichen Spezies angehören, dürfte mittlerweile jedem, der mit Pferden umgeht, klar sein. Dennoch entstehen in der Beziehung zwischen Mensch und Pferd immer wieder kleinere oder größere Missverständnisse, die sich zumindest der Mensch oft nicht erklären kann. Das Pferd hingegen dürfte sich seiner Rolle, seiner Gründe für sein Verhalten und auch der Bedeutung einer ungeklärten Beziehung in den meisten (wenn nicht gar in allen) Fällen sehr sicher sein. Während der Mensch manchmal wenig Bereitschaft zeigt, über den Tellerrand zu schauen, leben Pferde eisern so, wie sie es für richtig halten. So stehen sich mitunter zwei völlig verschiedene Wesen gegenüber, die beide oftmals keinen Grund darin sehen, aufeinander zuzugehen – und das, obwohl sich beide (auf ihre spezielle Art und Weise) eine innige Beziehung zueinander wünschen. Was sich wie ein Konflikt anhört, dessen Lösung weit entfernt scheint, ist doch oft letztlich „nur" ein Missverstehen, dessen Auflösung auf der Hand liegt:

Der Mensch sollte die Natur des Pferdes verstehen lernen, um eine Verbindung herstellen zu können.

So sehr wir uns auch wünschen mögen, dass unser Pferd lernt, uns zu verstehen und unsere Beweggründe nachvollzieht, es wird unserer Vorstellung nicht Folge leisten, denn es ist weder fähig noch bereit dazu. Zudem ist es auch nicht die Aufgabe eines Pferdes, sich in das „Raubtier Mensch" hinein zu fühlen, abgestuft zu denken und dauernd komplizierte Transferleistungen zu vollziehen, die meist nicht nur widersprüchlich, sondern darüber hinaus auch noch gegen seine Instinkte sprechen. Erwarten wir allen Ernstes, dass sich ein freiheitsliebendes Flucht- und Beutetier unserer Vorstellung einer Partnerschaft problemlos unterwirft, all unsere Wünsche erfüllt, als

Last- und Tragetier herhält, sich einsperren lässt, ständig gegen seine Empfindungen handelt und dabei noch überaus zutraulich, glücklich und beziehungsbereit ist? So formuliert dürfte jedem einleuchten, dass das etwas zu viel verlangt ist. Eine innige und harmonische Partnerschaft zwischen Mensch und Pferd kostet Mühe, Zeit, viele Gedanken und Sorgen, Verzicht und manchmal auch Zweifel.

Beziehungsarbeit ist in erster Linie die Arbeit an sich selbst.

Letztlich bleibt es an uns, für das zu sorgen, was Pferde brauchen, damit sie sich willig, kooperativ, lernbereit und motiviert zeigen. Denn **WIR** sind schließlich die, die sich eine Bindung wünschen, während Pferde recht gut ohne uns auskommen können, solange sie haben, was sie zum Überleben brauchen.

Verändern wir aber unsere innere Einstellung und werden „weicher" in unseren Bewegungen, flexibler in unserem Denken und gleichzeitig konsequenter in unserer Führung, dann öffnen sich auch die Pferde für einen gemeinsamen Weg.
<u>Dazu brauchen wir:</u>

Bedingungen für ein Vertrauensverhältnis

★ *Zeit*, weil diese für Pferde ohnehin keine Rolle spielt.

★ *Geduld*, damit wir nicht zu schnell zu viel wollen.

★ *Fürsorge*, damit das Pferd sich bei uns wohlfühlt und uns bedenkenlos sein Vertrauen schenken kann.

★ *Lernbereitschaft*, um motiviert und offen für Neues zu bleiben.

★ *Bewusstsein*, damit wir die Natur des Pferdes wahrnehmen können.

★ *Innere und äußere Balance*, um dem Pferd Sicherheit zu vermitteln.

★ *Konsequenz*, damit wir die eigenen Ziele nicht aus den Augen verlieren.

★ *Autorität*, um Grenzen zu setzen und Schutz zu gewähren.

★ *Beobachtungsgabe*, um das Pferd besser einzuschätzen.

★ *Anteilnahme*, damit wir uns in unser Pferd hineinfühlen können.

★ *Kommunikationsfähigkeit*, um uns (vor allem nonverbal, also körpersprachlich) verständlich auszudrücken.

★ *Unabhängigkeit* von den Meinungen anderer, damit wir die Chance haben, einen eigenen Weg zu gehen.

Diese Liste ist vermutlich beinahe endlos fortzuführen. Die gute Nachricht aber lautet: Jeder, der wirklich aus der Tiefe seines Herzens wahrhaftig und ehrlich eine innige Verbindung zu seinem Pferd wünscht, der kann das auch erreichen, denn es ist keine Zauberei oder Magie.

Passen unser Innenleben und unser äußeres Handeln zusammen,
dann schließen sich uns auch die Pferde an.

Unsere Körpersprache ist der Schlüssel, denn sie offenbart Pferden unser Innenleben. Wir können alle nur das authentisch ausdrücken und vermitteln, was wir tatsächlich denken und fühlen. Selbst bei höchster Konzentration darauf, unsere Emotionen (beispielsweise versteckte Angst) zu unterdrücken, gelingt es uns nicht – zumindest nicht im Zusammensein mit dem Pferd.

Wer sich zudem noch widersprüchlich verhält, der kommuniziert unverständlich und unklar. Das erzeugt ungewollt Verwirrung und einen Vertrauensverlust beim Pferd.

Erst wenn wir unsere Gefühle im Innen und im Außen steuern können, wird das Pferd Vertrauen fassen und kooperieren. Das liegt in seiner Natur. Und genau diese ist es, die es zu verstehen und jeder Zeit zu berücksichtigen gilt. Dann folgen uns auch die Pferde – ganz egal, wohin wir gehen…

Meine Motivation für dieses Buch

Mit diesem Buch möchte ich gerne einen **Einblick in meine Gedankenwelt** und meine **Arbeitsweise** mit Pferden geben. Dabei ist es mir wichtig, zunächst meine Einstellung darzulegen, die auf meinen Überzeugungen und meinen Erfahrungen basiert. Für mich ist nicht entscheidend, ob mir immer zugestimmt wird; jeder darf für sich aus meinen Aufzeichnungen herausnehmen, was er möchte. Mir geht es nicht darum, recht zu haben oder grundsätzliche Regeln aufzustellen, an die sich jeder halten muss. Vielmehr möchte ich nur gerne ausdrücken, wie ich denke und arbeite. Dazu ist es aus meiner Sicht wichtig, meine **Gedanken** zu Pferden aufzuschreiben, damit besser verstanden werden kann, warum ich was tue.

Erst in einem zweiten Schritt, und zwar nachdem ich mir Überlegungen gemacht habe, komme ich ins Handeln. Vorher beobachte ich nur und lasse auf mich wirken. Aus diesem Grund habe ich den Aufbau dieses Buches so gewählt: Zuerst eine **Grundlage** bei sich selbst schaffen; dann an der eigenen **Kommunikation** arbeiten, um einen Zugang zum Pferd zu finden; nun kann die **Freiarbeit** nach und nach erarbeitet werden, die mehr Vertrauen schaffen soll; und darauf aufgebaut, wenn die Basis am Boden geschaffen wurde, wird **geritten**. Ich halte dieses Vorgehen für sehr sinnvoll, weil Schritt für Schritt vorgegangen wird, um zueinander zu finden.

Nun wünsche ich allen Leserinnen und Lesern viel Freude mit diesem Buch und hoffe sehr, dass meine Zeilen dazu ermutigen, Neues zu versuchen und sich mehr zuzutrauen. Mein wichtigstes Ziel ist es, zum Ausprobieren anzuregen.

Pferde brauchen keine Dominanz,
sondern vor allem Schutz.

Grundlagen

Wie wir die Voraussetzungen
bei uns selbst schaffen

Für mich ist weder das Reiten noch das Zusammensein mit Pferden in erster Linie Technik. Pferde sind nicht auf der Welt, um zu funktionieren. Ich glaube, dass der erste Blick immer dem Menschen gilt, um eine Partnerschaft zu erreichen. Das bedeutet, dass unsere Arbeit bei uns selbst beginnt – so ungewöhnlich sich das anhören mag, denn oft gehen Reiter davon aus, dass manches nicht klappen will, weil das Pferd Mängel aufweist. Ich bin deshalb der Überzeugung, weil ich es in den Kursen, die ich gebe, immer wieder erlebe, dass das Pferd den Menschen spiegelt und dass wir unser Spiegelbild angleichen oder sogar verändern müssen, um eine Veränderung im Pferd zu erzeugen. Dabei ist Intuition, ein gewisses Bauchgefühl wichtig.

Da Pferde sich in ihrer Individualität und ihren Erfahrungen voneinander unterscheiden, ist intuitives Handeln vonseiten des Menschen eine entscheidende Grundlage.

Bauchgefühl

Technische Kenntnisse genügen aus meiner Sicht nicht, um ein guter Reiter zu sein, der im Einklang mit seinem Pferd handelt. Jeder kennt sicher mindestens einen Reiter, der für das Gegenteil steht. Häufig werden leider vor allem die Fehler und Unzulänglichkeiten beim Pferd gesucht und weniger bei sich selbst. Nicht selten sollen Pferde genau das tun, was der Mensch will. Was das Pferd will, spielt dagegen keine so große Rolle. Schwierigkeiten haben solche Reiter an der einen oder anderen Stelle, weil ihnen noch nicht klar ist, dass das Pferd sie ganz genau sieht. Es spürt aus natürlichen Gründen, was los ist. Es weiß, dass es nicht als das gesehen wird, was es ist. Es weiß, wie wir uns fühlen. Es weiß, welche Einstellung wir ihm gegenüber haben. Es weiß um die Probleme, die wir mit uns herumschleppen, weil es den Ballast spüren kann.

Pferde fühlen instinktiv, ob wir sie als Sportgeräte oder als Partner sehen.

Ein Pferd spürt sehr genau, ob unser Herz an ihm hängt oder ob es für uns austauschbar ist. Warum? Weil es davon abhängig ist, denn es lebt und lernt in unserer Welt. Dennoch ist es immer noch ein Pferd, dessen Instinkte Alarm schlagen, wenn es überfordert wird, weil es nicht gesehen wird. Das bedeutet aus meiner Sicht für uns Pferdemenschen, die eine **gesunde** und **harmonische Beziehung** zu einem Pferd aufbauen wollen, dass wir uns weniger an der Technik, die ohnehin Auslegungssache ist, orientieren sollten, sondern an unserem „Bauchgefühl", unserer Intuition. Wir möchten mit einem Lebewesen arbeiten, das in vielerlei Hinsicht nicht kalkulierbar, sondern ein Individuum mit eigenen Bedürfnissen ist. Für mich gilt es das zu berücksichtigen bei der Arbeit mit Pferden, ansonsten sehen wir den Partner Pferd nicht, sondern begrenzen ihn auf eine Art Maschine. Das erscheint mir unfair.

Pferde sind keine Werkzeuge, die nach Lust und Laune eingesetzt werden können, sondern lebende, fühlende Wesen, die sich gerne, wenn sie wahrgenommen werden, am gemeinsamen Training beteiligen und einbringen. Ich glaube, dass es wichtig ist, ihre Natürlichkeit und ihre Begeisterungsfähigkeit nicht nur zu bemerken, sondern sogar zu fördern – genauso, wie man dies bei kleinen Kindern macht, damit sie sich gut entwickeln. Zwar habe ich selbst noch ein recht junges Alter, aber ich vermute, dass genau hier ein Vorteil liegt, der es mir ermöglicht, mit viel Unbeschwertheit und Leichtigkeit an Dinge heranzugehen. Ich frage mich, ob diese Herangehensweise denn tatsächlich altersabhängig ist, wenn doch das Ergebnis ein Pferd zeigt, das genau diese Sorglosigkeit spiegelt.

Zugang zu einem Pferd bekommt, wer offen, kindlich und intuitiv ist.

Kindlich zu sein, ist nicht negativ, sondern eröffnet uns Wege zum Pferd, weil Pferde eben auch gefühlsbetonte und ehrliche Wesen sind, die mit all ihren Sinnen wahrnehmen.

Ein sorgenfreier und etwas „naiver" Blick auf ein Pferd schafft eine direkte Verbindung. Für mich ist das eine Grundlage, die ich berücksichtige, damit mein Pferd mich als gleichgesinnt und vertrauenswürdig erachtet. Dabei vernachlässige ich nicht die Regeln und habe auch genau im Kopf, wo ich hin will, aber der freundschaftliche Gedanke steht stets über der Technik.

Freundschaft

Offenheit und **Lernbereitschaft** sind für mich ganz wichtige Grundvoraussetzungen, um gemeinsam mit einem Pferd Großartiges zu schaffen. Ich versuche immer neugierig zu bleiben, was die nächste Trainingseinheit bringen wird. Zwar habe ich Vorstellungen von dem, was ich mit einem Pferd erreichen möchte, aber ich lasse mich auch eines Besseren belehren, wenn der Weg in eine Sackgasse zu führen scheint. Verletzt, weil etwas nicht gelingen will, bin ich nie, weil ich genau weiß, dass ich nur einen anderen Ansatz wählen muss. Für mich ist dies wie in einer Freundschaft: Mal hat der eine die besseren Ideen und mal der andere. Entscheidend ist der Wille zusammen zu arbeiten und ein gemeinsames Ziel zu verfolgen – ganz gleich, wie dieses aussehen mag, so lange es Freude bringt.

Was heute noch nicht klappen will,

kann morgen plötzlich funktionieren.

Ich versuche immer gleichermaßen an mir als auch an dem Pferd zu arbeiten, weil aus meiner Sicht hierin der Schlüssel liegt – unabhängig davon, welche Lektion ich gerade trainiere.

Was das eine Pferd sofort versteht, ist für das andere unverständlich. So muss es ja an mir liegen, wie ich eine Frage formuliere, damit ich die korrekte Antwort bekomme. Kriege ich diese nicht, dann formuliere ich so lange die Frage um, bis das Pferd begriffen hat, was ich möchte. Wie es dies dann umsetzt, das liegt an ihm. Freiraum ist ein wichtiger Faktor, damit das Pferd sich nicht eingeschränkt fühlt und dagegen geht. Zwar formuliere ich für mich Ziele, was ich erreichen möchte, aber der Weg dahin ist ganz unterschiedlich. Ich habe Aufgaben für ein Pferd; es hat aber nicht weniger Aufgaben für mich. Es spiegelt mir meine Einstellung und meine Emotionen. Manchmal passt das sehr gut und manchmal muss ich etwas verändern, damit die Kommunikation funktioniert.

Körpersprache beginnt im Kopf.

Wenn ich mich einem Pferd verständlich machen möchte, dann sollte ich mich auch so klar wie möglich ausdrücken lernen, und zwar über meinen Körper.

Pferde sind lautlose Wesen, die Spezialisten im Lesen der **Körpersprache** ihres Gegenübers sind. Wenn das ihre „Sprache" ist, dann macht es wenig Sinn, auf ein Pferd einzureden und zu erwarten, dass es umsetzt, was wir gesagt haben. Ich muss mich ihrer Art der Verständigung angleichen und das jeweilige Pferd „lesen" lernen. Pferde unterscheiden sich in ihrer Persönlichkeit, in ihrer Bereitschaft zu kooperieren und auch in ihrem Lernverhalten mitunter sehr stark voneinander – genau wie Menschen auch. Ich möchte eine freundschaftliche Partnerschaft mit einem Pferd, also muss ich meinen Blick, mein Gefühl für das jeweilige Pferd schulen. Ich muss zuerst herausfinden, wer es ist und was es braucht, bevor ich Erwartungen an es stelle. Aufgeregtheit, Überanstrengung oder Unsicherheit möchte ich unbedingt vermeiden. Daher ist kleinschrittiges Arbeiten viel mehr wert, als das Durchsetzen großer Ziele.

Pferde leben im Hier und Jetzt. Zwar lernen sie aus der Vergangenheit, aber sie sind in der Gegenwart und es ist ihnen vermutlich gleichgültig, was morgen passieren könnte. Pferde bringen uns am besten bei, wie wir sie verstehen können, denn sie sind immer authentisch, ehrlich und deutlich. Sie wollen ein harmonisches Miteinander, weil sie als Herdentiere Teil einer **Gemeinschaft** sein möchten. Natürlich schließt das weder Konflikte noch „Diskussionen" aus, aber Pferde möchten grundsätzlich gefallen.

Pferde wünschen sich von Natur aus gesehen und verstanden zu werden. Sie sind Gruppentiere, die ungern alleine sind, sondern lieber kommunizieren.

Nach meiner Erfahrung geben uns Pferde sehr unmissverständlich eine Antwort darauf, ob sie uns verstanden haben und sich darüber hinaus auch von uns verstanden fühlen. Man muss nur hinsehen und „zuhören". Dann eröffnet sich dem, der wirkliches Interesse hat, eine ganz deutliche und völlig widerspruchsfreie Sprache. Und genau das ist die Basis für eine freundschaftliche Beziehung. Ist dieser Grundstein gelegt, dann müssen wir Sicherheit und Obhut vermitteln, damit das Pferd sich bei uns wohlfühlt.

Sicherheit

Pferde stellen unentwegt Fragen. Sie wollen wissen, ob wir Menschen sicher in dem sind, was wir von ihnen fordern. Das ist überlebensnotwendig, denn Pferde leben in unserer Welt und nicht wir in ihrer. Daher ist es unsere Verantwortung, dass wir ihnen die größtmögliche Sicherheit bieten. Das geht am besten über Fürsorge, indem wir hinsehen und hinspüren, was das Pferd in welchem Moment benötigt.

Pferde orientieren sich an dem, an den sie sich „anlehnen" können.

Entspannung und **Vertrauen** sind die Schlüssel zu einem Pferd, das sich geborgen fühlt. Wir sollten, wenn wir ein ausgeglichenes und sicheres Pferd wünschen, ein ausgewogenes Verhältnis zwischen Anspannung und Entspannung schaffen. Das ermöglicht Pferden das Gewesene zu verarbeiten und zu lernen, dass sie in unserer Gegenwart zu gegebener Zeit ausruhen dürfen. Wer Entlastung anbietet und diese nicht ausnutzt, sondern die Verantwortung übernimmt, der ist ein fairer „Anführer". Es lohnt sich aus Pferdesicht diesem Lebewesen zu folgen, weil es fähig ist, Schutz zu bieten.

Insbesondere in schwierigen, neuen und damit in angstbesetzten Situationen bewährt sich der, der besonnen ist und korrekt reagiert. Panik erzeugt Panik und ist das Gegenteil von Sicherheit. Fühlt sich ein Pferd bei einem Menschen sicher und geborgen, dann folgt es ihm, vertraut ihm in Gefahrensituationen und orientiert sich an ihm. **Glaubhaftigkeit** und **Ausdauer** sind hierbei aber immer wieder entscheidende Faktoren, denn jedes Pferd wird aus Eigenschutz prüfen, wie weit es auf den Menschen bauen kann. Es will mal mehr und mal weniger wissen, ob es ihm glauben kann.

Aus ständiger Sicherheitsüberprüfung erwächst irgendwann Vertrauen, das wir uns aber zuerst verdienen müssen.

Beinahe jeder Reiter wünscht sich ein Pferd, das ihm willig und voller Vertrauen folgt. Dass Pferde aber **Sicherheit** und **Obhut** benötigen, wird zunächst gerne vergessen, weil man schnell ein Idealbild im Kopf hat, das sich leider nicht direkt umsetzen lässt.

Pferde sind Jahrmillionen ganz gut ohne den Menschen ausgekommen. Warum sollten sie sich also völlig arglos anschließen, nur weil wir es uns wünschen? Sicherheit und Vertrauen haben für jedes Pferd eine lebensnotwendige Bedeutung.

Ich versuche mir dies zu jeder Zeit beim Training und im Umgang bewusst zu machen, weil es mich daran erinnert, dass der Weg das Ziel ist und nicht andersherum. Wenn man sich ein bisschen mit der Natur der Pferde auseinandersetzt und sich klarmacht, dass auch die Zuchtauslese, die wir betreiben, wenig an dem Instinktprogramm der Tiere verändert hat, dann liegt es auf der Hand, die Bedürfnisse der Pferde zu berücksichtigen. Alles andere erscheint mir unsinnig.

Ich meine, dass wir als verantwortungsbewusste Pferdemenschen zunächst eine Art Vorleistung bringen müssen, damit das Pferd eine Chance hat, zu begreifen, dass es uns trauen kann, ohne zu Schaden zu kommen. Wir sollten also bereit sein, vorab auch Vertrauen in das jeweilige Pferd zu setzen, ansonsten wird es andersherum wenig Grund dazu sehen, uns zu vertrauen. Bedingungsloses Vertrauen können wir vom Pferd nicht erwarten, wenn wir selbst nichts investieren. Dazu macht es aus meinem Erleben heraus Sinn, wenn wir uns so souverän und authentisch wie möglich präsentieren, damit das Pferd erfährt, dass es bei uns in guten Händen ist. Es soll sich sicher und verstanden fühlen, und zwar zu jeder Zeit und an jedem Ort. Das geht aber nur, wenn wir aus Sicht des Pferdes berechenbar sind. Erlebt es uns als widersprüchlich, sehr launenhaft oder unfair, dann wird es sich hüten, uns zu vertrauen. Ich habe die Erfahrung gemacht, dass uns unterschiedliche Gefühlsschwankungen dabei sehr im Weg stehen können. Negative Emotionen wie Stress, Wut, weil etwas nicht geklappt hat, oder Enttäuschung dürfen im Umgang mit Pferden keinen Raum haben. Das mag sich ungerecht anhören, weil wir ja alle Menschen sind und solche Empfindungen nun mal von Zeit zu Zeit haben, aber Gefühle übertragen sich auf ein Pferd – insbesondere auf ein unsicheres.

Besser erscheint es mir, wenn wir lernen, unsere Gefühle in gewisser Weise zu kontrollieren. Egal, was ich mit einem Pferd mache, für mich muss klar sein, welche Wirkung meine **Emotionen** auf das Tier haben. Ich kann es durch meine Gefühle, die es deutlich wahrnimmt, bestärken und motivieren oder entmutigen und sogar verängstigen. Angst ist nie ein guter Berater, wenn ich Kooperation erreichen möchte. Motivation hingegen kann schnell vieles, das am Anfang aussichtslos erscheint, in eine völlig andere Richtung kehren. Ich mache mir stets Folgendes klar:

> *Was ich fühle, sende ich über meine Körpersprache direkt ans Pferd – ob ich will oder nicht.*

Pferde sind extrem feinfühlig; sie spüren also sofort, ob wir gestresst oder schlecht gelaunt sind. Wer ruhig und gelassen mit vielem umgeht, der hat wahrscheinlich auch ein Pferd, das sich entsprechend verhält, weil es sich an seinem Menschen orientiert und gelernt hat, dass es wenig Grund zur Aufregung gibt. Das schreibt sich natürlich viel leichter, als es umgesetzt ist, aber manchmal hilft schon die Einsicht, dass man für den aktuellen Gemütszustand des eigenen Pferdes verantwortlich ist. Dann verändert sich das innere Empfinden hin zu mehr **Geduld** und **Sanftheit**. Nun ist die richtige Grundlage gelegt, damit das Pferd bereit ist zuzuhören, mitzuarbeiten und Anerkennung zu ernten.

Bestärkung

In dem Moment, in dem der Mensch sehr ehrgeizig ist und große Leistungen von seinem Pferd erwartet, entgeht ihm ganz viel. Ich habe festgestellt, dass das schnelle Vorankommen-Wollen mit großen Problemen einhergehen kann, weil kleine Veränderungen beim Pferd nicht mehr wahrgenommen werden können. Der Blick ist dann zu verengt. Kleine Veränderungen im Verhalten oder der Mimik des Pferdes können aber schnell zu größeren heranwachsen, damit sie gesehen werden. Übertriebene Leistungsansprüche können selten Hand in Hand gehen mit einer harmonischen Partnerschaft.

Pferde sind genauso wie wir Individuen, die ganz eigene Charakterzüge, ganz unterschiedliche Motivationen und Begabungen haben. Ich meine, dass das berücksichtigt werden sollte.

Ich schaue mit Gelassenheit auf die Eigenheiten der Pferde, mit denen ich arbeite, und versuche meinen Blick auf das zu richten, was das Pferd bereit ist zu geben. Es ist wichtig, dass wir heute schätzen, was das Pferd leistet, auch wenn dies noch nicht dem eigenen Anspruch entspricht, damit es mich und sich morgen weiter positiv überraschen kann.

Werden die Bemühungen des Pferdes übersehen, dann hat es wenig Gründe, mitzuarbeiten und sich zu steigern.

Pferde wollen und brauchen **Lob** und **Anerkennung**, um sich motiviert zeigen zu können. Mögen auch die Leistungen zunächst aus Sicht des Menschen klein ausfallen, so können sie für das Pferd aber Quantensprünge sein. Das sollte gesehen und geachtet werden, wobei gutes Timing hier sehr wichtig ist. Übersehen wir die Bemühungen eines Pferdes, dann kann dies mit einer ungewollten Bestrafung gleichgesetzt werden. Erkennen wir hingegen kleinere Schritte in die richtige Richtung an, erzeugen wir automatisch Freude und Aufmerksamkeit im Pferd. Ein Pferd seinen Fähigkeiten entsprechend fördern zu können, ist ein wirklich schönes Gefühl und es entsteht eine sehr positive Wechselwirkung, wenn sich beide Partner wohl miteinander fühlen.

Fördernd und bestärkend zu arbeiten, hat den Effekt, dass ein Pferd lernt, dass die Zusammenarbeit in Entspannung mündet. Das sorgt dafür, dass es letztlich viel freudiger und leistungsbreiter ist, als es das wäre, wenn man es zu Höchstleistungen in einer vorgegebenen Zeit antreibt. Das Ziel eines Trainings sollte immer sein, dass die Zusammenarbeit aus der Sicht des Pferdes lohnend ist. Dazu braucht es bei den kleinsten Ansätzen in die richtige Richtung unbedingt Bestärkung und Bestätigung für seinen Einsatz. Ob dies nun durch die korrekte Vergabe von Futter, durch Streicheln oder Stimmlob erfolgt, ist grundsätzlich eine Frage der persönlichen Arbeitsweise, aber:

Ohne Bestätigung kein Lernerfolg.

Zwar mag es bei dem einen etwas länger dauern als bei dem anderen, aber letztlich kooperiert kein Pferd, ohne einen Gewinn davon zu haben. Wenn es den Eindruck bekommt, ohnehin nicht auszureichen, dann wird es sich irgendwann entziehen, sträuben oder aufgeben. Wird ungewolltes Verhalten bestraft und gewünschtes Verhalten nicht anerkannt, dann gibt es wenig Grund mitzumachen.

Zeigt mir ein Pferd den richtigen Ansatz, dann lobe ich es und entlasse es aus der Übung. Denn fordere ich immer und immer wieder mehr, erzeuge ich durch Druck Gegendruck. Das macht wenig Sinn. Viel besser finde ich es, wenn ich Leistungen sofort anerkenne, um keinen Vertrauensverlust vonseiten des Pferdes zu riskieren.

Ich habe gute Erfahrungen im Training damit gemacht, dass ich einem Pferd Feedback gebe, damit es genau weiß, was falsch und was richtig ist.

Wir haben im Umgang mit einem Pferd auch immer eine Art „Erziehungsauftrag". Daher möchte ich, dass die Pferde, die bei mir sind, lernen, welche Reaktionen sie auf welche Hilfe geben sollen, damit sie ein Lob ernten. Unklarheiten diesbezüglich können sich schnell zu Problemen entwickeln, die dann schwer lösbar sind, weil Missverständnisse vorherrschen. Ich finde es viel besser, wenn ich es einem Pferd ganz leicht mache, das richtige Verhalten zu zeigen. Dazu brauche ich neben dem richtigen Gefühl auch Entschlossenheit.

Entschlossenheit

Nach meiner Erfahrung sollte man grundsätzlich bei allem, was von einem Pferd eingefordert wird, auch konsequent bleiben. Etwas, das heute erlaubt ist, darf morgen nicht verboten werden – und andersherum. Erlebt ein Pferd mich als inkonsequent, dann verliert es Vertrauen, weil es mich nicht einschätzen kann. Zugegeben: Jeder lässt seinem Pferd wahrscheinlich an der einen oder anderen Stelle mal etwas durchgehen, aber die Gefahr, dass es dadurch verunsichert wird, ist recht groß.

Konsequenz bedeutet aber nicht, dass man sein Pferd dominieren soll. Das darf nicht verwechselt werden. Ich denke, dass es darum gehen muss, sich beständig und klar zu verhalten. Pferde müssen wissen, dass wir in Notsituationen, bei möglicher Gefahr oder wenn sie Angst haben gute Entscheidungen treffen.

Entschlossenheit hängt eng zusammen mit Vertrauen und auch Autorität. Die Bezeichnung „Autorität" mag ich lieber als das Wort „Dominanz", weil es nicht darum geht, das Pferd zu zwingen, sondern anzuleiten. Das ist ein gravierender Unterschied.

Pferde brauchen keine Dominanz, sondern vor allem Schutz.

Man könnte natürlich jetzt argumentieren, dass jemand, der dominant ist, auch Stärke hat und deshalb ein besserer „Anführer" für ein Pferd ist. Ich glaube das nicht! Pferde unterscheiden sehr genau zwischen tatsächlicher innerer Entschlossenheit und einer äußeren Pseudo-Stärke, die eigentlich Unsicherheit ist. Was uns Menschen bei anderen manchmal zunächst verborgen bleibt, das sehen Pferde auf einen Blick: Aufrichtigkeit oder Rückgratlosigkeit. Sie wissen immer, wem sie folgen wollen, bei wem es sich lohnt. Dafür muss man kein Leittier sein, das dominant Stärke beweist, sondern entschlossen Grenzen setzen, gute Angebote machen und Wege aufzeigen, die sicher und zielführend sind.

Konsequente Entschlossenheit vonseiten des Menschen ist zwar nur eine Seite der Medaille, aber eine sehr wichtige, die dem Pferd eine Linie vorgibt: Bin ich weder entschlossen noch gradlinig, glaubt das Pferd irgendwann, dass es selbst Grenzen setzen muss und übernimmt die Verantwortung für das gemeinsame Tun. Es beginnt irgendwann, den „Ton" innerhalb der Beziehung anzugeben, weil es davon überzeugt ist, dass der Mensch nicht fähig dazu ist. Kein Pferd der Welt sieht einen unsicheren, ängstlichen und inkonsequenten Menschen als Autorität an. Warum auch?

Pferde sind Pferde und verhalten sich ihrer Natur entsprechend. Daran können und sollten wir auch nichts ändern. Besser ist es, sie als das zu sehen, was sie sind. Erst dann kann man eine Partnerschaft aufbauen, die auf Achtung und Respekt fußt. Beides ist nur durch faires und aufrichtiges Verhalten dem Pferd gegenüber zu erreichen.

Ich habe häufig festgestellt, wie wichtig es ist, dass nicht nur ich die **Grenzen** des Pferdes (physische und psychische) respektiere, sondern auch andersherum. Wie soll ein Pferd mich ernst nehmen, wenn ich meinen eigenen Individualabstand nicht verteidige? Pferde, die Grenzen beim Menschen überschreiten (schubsen, überholen, nach ihm schnappen) versuchen herauszufinden, wo sie stehen und wo der Mensch steht. Das ist nicht böse, sondern entspricht ihrem natürlichen Wesen. In diesen Momenten entscheidet sich, ob der Mensch sich als entschlossene Autorität beweisen kann oder nicht.

Unerwünschtes Verhalten sollten wir umlenken und nicht bestrafen, wobei das Timing an dieser Stelle ein wichtiger Faktor ist.

Auf sogenanntes „Problemverhalten" mit Wut oder Aggression zu reagieren, hat nichts mit Stärke zu tun, sondern wird von Pferden meistens als Schwäche ausgelegt. Wer lange wütend ist, der verwirrt sein Pferd, weil es gar nicht versteht, was los ist. Selbst dann nicht, wenn es in der Vergangenheit der Auslöser für die negativen Emotionen des Menschen war. Es erkennt den Zusammenhang nicht und verliert das Vertrauen.

Es liegt nicht in der Natur von Pferden, Konflikte über lange Zeit auszutragen. Sie regeln Unstimmigkeiten effektiv und unkompliziert. Ranghohe Tiere sind meist schnell wieder gewillt, Ruhe in die Herde einkehren zu lassen. Das machen sie über Gestik und Mimik. Sie schaukeln Konflikte nicht hoch, sondern beschwichtigen und übernehmen die Verantwortung.

Nach meiner Erfahrung macht es Sinn, sich daran ein Beispiel zu nehmen, um sicher zu gehen, dass wir vom Pferd auch verstanden und letztlich geachtet werden. Dazu benötigen wir Einfühlungsvermögen.

Anteilnahme

Sich in ein Gegenüber einzufühlen, ist meines Erachtens eine der wichtigsten Grundvoraussetzungen, um mit Pferden arbeiten zu können und Vertrauen herzustellen. Wenn ich nicht weiß, was es braucht, dann kann ich es in seinem Wachstum nicht fördern. Es entsteht entweder Stillstand oder es kommt sogar zu Rückschritten. Pferde entwickeln sich viel besser, wenn ich fähig bin, ihre Gefühle, Motivationen und individuellen Besonderheiten wahrzunehmen und sowohl im Umgang als auch im Training zu berücksichtigen. Ein guter Pferdmensch sollte wissen, wie Pferde lernen, nämlich nicht mit Zwang und Druck, sondern dadurch, dass sie gesehen und vor allem bestärkt werden. Dann wollen sie gefallen und geben ihr Bestes, um erneut gelobt zu werden. Wer bestärkend mit seinem Pferd arbeitet und nicht vorgefertigte Bilder im Kopf hat, wie sein Pferd zu funktionieren hat, der erreicht tausendmal mehr – und hat zudem noch ein zufriedenes Pferd.

Druck erzeugt Gegendruck und hat wenig mit Feingefühl zu tun.

Damit ist nicht gemeint, dass man seinem Pferd alles durchgehen lassen soll. Vielmehr geht es darum, Zwang und Gewalt zu vermeiden, die Gegenwehr auslösen, sondern auf **Kooperation** zu bauen. Wir wollen eine Freundschaft mit dem Pferd, damit es gerne bei uns ist, und keine Feindschaft, weil wir grob oder unsensibel waren. Allerdings wäre es fast als naiv zu bezeichnen, wenn man glauben würde, dass man im Umgang mit Pferden immer auf Druck verzichten kann. Strenggenommen üben wir ständig Druck aus – das beginnt bereits in dem Moment, in dem ich einem Pferd gegenüberstehe und Präsenz zeige. Zudem binden wir Pferde an, führen oder verladen sie und auch die Reiterhilfen sind Druck. Druck ist aber nicht gleich Druck! Sinnvoller Druck, der situationsangepasst ist und dem Pferd eine Hilfe ist, damit es uns versteht und sich orientieren kann, ist etwas anderes, als der Druck der ausgeübt wird, wenn ich meine Meinung mit aller Gewalt durchsetzen möchte. Zugegeben: Die Grenze kann fließend sein, aber das Pferd gibt uns zuverlässig Rückmeldung, ob wir es übertreiben. Dazu kann ich die **Gestik** und **Mimik** des Pferdes beobachten:

1) Ist das Pferd noch bei mir oder versucht es sich aus Selbstschutz zu entziehen?

2) „Antwortet" es mir mit seinem Körper oder verliert es die Konzentration?

3) Sind seine Augen noch freundlich und wohlwollend oder haben sie sich verändert?

4) Wirkt der Körper entspannt oder zeigt das Pferd Anspannungen (z. B. in der Hals- und der Maulpartie)?

5) Hält es mich mehr als sonst auf Abstand oder überschreitet es sogar deutlich meinen Individualabstand?

Ich glaube, dass viele Probleme zwischen Mensch und Pferd darin begründet liegen, dass manchmal zu wenig **Anteilnahme** und **Mitgefühl** da sind. Wer die Kommunikation und das Lernvermögen des Pferdes feinfühlig beobachtet und nachempfindet, der hat gute Chancen, sich gemeinsam mit seinem Pferd zu entwickeln, und zwar in eine Richtung, die vor allem Einfühlungsvermögen und weniger Zwang vorgibt. Ich selbst wünsche mir immer, dass ich allen Pferden ausreichend wohlwollende Emotionen entgegenbringe, ohne dabei aber meine Lernziele aus den Augen zu verlieren. Auf der einen Seite achte ich darauf, dass das Pferd mich mag und mir positiv zugetan ist; andererseits setze ich da Grenzen, wo es mir angebracht erscheint, damit die Regeln des Zusammenlebens nicht verletzt werden. Nach meiner Erfahrung schließt das eine das andere nicht aus, sondern sie ergänzen sich gegenseitig.

Ein Pferd soll mit mir Zufriedenheit verbinden, darf mich aber nicht zwicken, schubsen, weglaufen oder meine Taschen durchwühlen, um an Futter zu kommen. Hier gilt es die Balance, das Gleichgewicht zu finden und zu halten, um ein harmonisches, entspanntes und ausgeglichenes Miteinander zu erreichen.

Unsere Körpersprache ist das Mittel, um uns auszudrücken, damit wir mit dem Pferd eine Beziehung aufbauen können.

Kommunikation

Wie wir durch Verständigung
Verständnis erzeugen

Pferde sind Herdentiere und suchen von Natur aus immer Anschluss. Das Zusammensein innerhalb einer Gruppe genießen sie meist sehr, denn sie sind ungern alleine. Genau dieses „soziale" Empfinden des Pferdes können wir Menschen nutzen, um mit ihm zu kommunizieren. Pferde suchen sich ihre „Gesprächspartner" aber aus. Nach meiner Erfahrung schließen sie sich nicht unbedingt dem dominantesten Wesen an, sondern dem, bei dem sie **Sicherheit** und **Schutz** bekommen. In der Natur gibt die Leitstute zwar den Ton an, aber sie zwingt keinem anderen Pferd etwas auf. Sie trifft gute Entscheidungen für das Allgemeinwohl und zeigt sich immer fair und konsequent. An diesen Eigenschaften sollten wir uns aus meiner Sicht orientieren, wenn wir von unseren Pferden erwarten, dass sie uns folgen. Dennoch befinden wir uns nicht in der freien Wildbahn, sondern in unserer Welt, die voll ist von Dingen und Situationen, von denen ein Pferd zunächst keine Ahnung hat. Es weiß nicht, was ein Traktor, ein Rasenmäher oder ein Fahrrad ist. Es weiß nicht, ob von diesen „komischen Geräten" Gefahr ausgeht. Darum sucht es Sicherheit und im besten Fall unseren Rat. Wenn wir uns im Umgang mit Neuem und Angsteinflößendem als weise Entscheider präsentiert haben, dann wird es sich uns anschließen, weil es sich auf uns verlässt. So schafft man Vertrauen.

Pferde wollen wissen,
ob sie bei uns in „guten Händen" sind.

Dazu sollten wir unbedingt immer an unserer Kommunikation, insbesondere an unserer **Körpersprache** arbeiten wollen und diese weiterentwickeln. Unseren Körper müssen wir gezielt einsetzen lernen, denn die Sprache der Pferde ist überwiegend eine lautlose. Das hat auch wichtige Gründe:

In der Natur würde ein Pferd, das sich laut ausdrückt, Feinde anziehen. Darum kommunizieren Pferde über Mimik und Gestiken, die es ihnen ermöglichen, sich völlig unmissverständlich den Tieren in ihrer Herde mitzuteilen.

Gleiches versuchen sie auch mit uns. Sie teilen sich uns ständig mit. Sie „berichten" vor allem über ihre Emotionen, die sich bei etwas Übung leicht verstehen lassen. Alleine der Gesichtsausdruck eines Pferdes verrät unglaublich viel über seinen aktuellen Gemütszustand. Ich beobachte immer die Ohren- und Augenstellung der Pferde, mit denen ich arbeite. Die Aufmerksamkeit lässt sich hier sehr gut ablesen. Sind beide Ohren in eine Richtung gedreht? Oder haben sie eine unterschiedliche Stellung? Dann ist das Pferd derzeit mit mehreren äußeren Einflüssen beschäftigt und hört mir nicht richtig zu. Ist die Maulpartie gelöst oder kaut das Pferd sogar ab? Dann ist es entspannt und verarbeitet gerade Informationen. Reißt es die Augen auf? Dann könnte dies ein erstes Anzeichen von Angst oder Aggression sein.

Kleine Hinweise bzw. Veränderungen im Ausdruck eines Pferdes muss ich unbedingt wahrnehmen, damit ich den Zustand des Pferdes und dessen „Meinung" einschätzen kann. Besonders Anzeichen für Stress und Anspannung sollten beachtet werden, weil diese sehr schnell zu Flucht- oder auch Drohverhalten werden können.

Was ich übersehe, kann stärker werden.

Deutung von Gestik und Mimik

★ Ohren

Der **Richtungswechsel** der Pferdeohren bedeutet immer, dass sich im Pferd eine Veränderung vollzogen hat. Während flach nach hinten an den Kopf angelegte Ohren ein **klares Drohen** bedeuten, signalisieren nur leicht gegen das Genick gekippte Ohren, dass das Pferd vermutlich etwas **Interessantes** wahrgenommen hat. Je angespannter der Nacken, desto ausdrücklicher die **Mahnung** des Pferdes. Angelegte Ohren können aber auch freudige Konzentration bzw. Aufregung signalisieren – der Gesichtsausdruck ist allerdings ein anderer als bei einer Drohung. Manche Pferde legen die Ohren z. B. bei der Freiarbeit wegen **positiver Anspannung** bzw. einer Erwartungshaltung an.

Wendet ein Pferd uns eins seiner Ohren zu, dann hat es **Interesse** an uns – das gilt auch dann, wenn das andere Ohr abgewendet ist. Als Fluchttiere prüfen sie ihre Umgebung immer im Hinblick auf mögliche Gefahren; daher können Pferde sich parallel auf mehrere Signale konzentrieren.

Ein **entspanntes** Pferd trägt seine Ohren locker und entkrampft.

Gestresste Pferde spitzen ihre Ohren dagegen sehr deutlich in die Richtung, aus der eine mögliche Bedrohung kommen könnte, um besser hören zu können.

Ein Pferd, das weicht und aus **Unterwürfigkeit** den Rückzug antritt, hat hingegen meist hängende Ohren, die leicht seitlich gedreht sind oder nach hinten zeigen.

★ *Maulbereich*

Der komplette Maulbereich kann uns viel Auskunft über den aktuellen Zustand eines Pferdes geben. **Angst**, **Stress** oder **Schmerzen** zeigen sich durch angespannte Lippen und aufgerissene Nüstern. Ist ein Pferd dagegen **unterwürfig**, dann hängt die Unterlippe eher entspannt herab. Auch **Kaubewegungen** weisen meist auf Entspannung und Verarbeitung hin. Gespitzte Lippen haben Pferde, wenn sie etwas **Unbekanntes** untersuchen.

★ *Kopf- und Halsbereich*

Ist ein Pferd **aufgeregt**, dann schmeißt es seinen Kopf nervös hoch oder bewegt ihn unruhig von der einen zur anderen Seite.

Nähert sich ein Pferd **drohend** einem anderen Lebewesen, hält es seinen Kopf meist tief und streckt den Hals – das sieht ähnlich aus wie bei Pferden, die ein anderes treiben.

★ *Körper*

Auch vom Hals abwärts drücken Pferde ihre unterschiedlichen Motivationen aus. Ein Wechsel zwischen **An- und Entspannung** ist gut zu beobachten. Bewegungen können dabei sehr weiträumig oder auch minimal sein.

★ *Schweif*

Der Schweif ist die Antenne für den Erregungszustand von Pferden. **Aufgeregte** Pferde schlagen mit dem Schweif auf abwechselnden Höhen hin und her. Fühlt ein Pferd sich **unsicher**, hält es seinen Schweif niedrig. Will es dagegen **imponieren**, dann trägt es den Schweif auffallend hoch.

Pferde verraten uns über ihren Körper sehr viel. Es erleichtert uns das Arbeiten deutlich, wenn wir darauf achten, denn die „Aussage" eines Pferdes kann zu jeder Zeit geglaubt werden. Sie täuschen uns Menschen nicht, weil sie das gar nicht können. Sie sind nicht fähig, zu lügen oder bewusst Spielchen zu spielen, weil sie von Natur aus auf Ehrlichkeit angewiesen sind.

Erst wenn ich ein Pferd eine Zeit lang beobachtet habe, um festzustellen, wie es sich in Pferdegesellschaft verhält, beginne ich mit dem Training. Ich möchte durch Beobachtung vorher herausfinden, wie es mit Konflikten und Ressourcen (Artgenossen, Futter, Platz, Wasser) umgeht. Das sagt mir schon ganz viel über das Wesen des Pferdes aus.

1) Ist es sensibel? Geht es Konflikten aus dem Weg? Oder zettelt es Streitigkeiten an, um sich zu beweisen und in der Rangfolge zu steigen?

2) Verhält es sich ruhig oder läuft es viel umher, um Energie abzubauen?

3) Schließt es schnell Freundschaften oder ist es meist alleine?

4) Übernimmt es Aufgaben (wie das Beobachten der Umgebung, während die anderen dösen)?

5) Kommt es anderen zu nah oder verhält es sich respektvoll?

Diese Beobachtungen in der Herde geben mit viele Informationen und können sehr hilfreich sein. Habe ich diese gesammelt und mir einen Eindruck verschafft, kann es losgehen.

Präsenz

Die Frage danach, **wer wen bewegt**, ist bei der Arbeit mit Pferde eine sehr entscheidende. Pferde benötigen, um sich orientieren zu können, klare und deutliche Ansagen. Es ist ihnen wichtig zu wissen, ob der Mensch seine Anforderungen wirklich ehrlich meint und in der Folge auch gradlinig umsetzt.

In der Natur bewegt das ranghöhere Pferd das im Rang unter ihm stehende. Das darf es zu jeder Zeit und an jedem Ort. Deshalb schikanieren Pferde sich aber noch lange nicht gegenseitig. Schickt die Leitstute ein anderes Pferd weg, dann hat sie einen Grund dazu und nutzt ihren Status nicht aus.

Das bedeutet im Umkehrschluss, dass auch wir Menschen bei der Arbeit mit einem Pferd überlegen sollten, wann eine „Machtdemonstration" sinnvoll ist, um sich Respekt zu verschaffen, und wann nicht. Übertreiben wir es, dann wird uns das Pferd dieses Verhalten als Schwäche auslegen.

Anfangs sollten wir aber sehr viel Präsenz zeigen. Das verstehen Pferde nach meiner Erfahrung recht schnell. Es geht nicht darum, es unentwegt wegzuschicken, aber alleine unsere Körperhaltung sollte schon aussagekräftig genug sein. Dabei macht es

Sinn, auch den Ausdruck des Pferdes zu beobachten. Ist es eingeschüchtert? Dann sollte man sein Energielevel etwas runterfahren, weil wir ja eine Zusammenarbeit wünschen. Ist es unbeeindruckt? Dann können wir unsere Präsenz ruhig noch etwas steigern, indem wir geradestehen, uns strecken, die Schultern zurücknehmen und den Kopf anheben. Wichtig ist auch, darauf zu achten, dass das Pferd nicht beginnt, den Menschen auf eine subtile, beinahe unbemerkte Art zu bewegen. Das fällt einem manchmal kaum auf, aber es gibt Pferde, die das sehr gut können. Sie bewegen sich eher langsam und bedacht, schubsen nicht wirklich, sondern versuchen sehr sanft, aber mit Nachdruck, dafür zu sorgen, dass der Mensch ausweicht. Das passiert nur durch kleine Ausfallschritte oder durch leichte Gewichtsverlagerungen, zeigt dem Pferd aber, dass es höher im Rang steht und damit das Sagen hat. Hier gilt es aufmerksam zu sein und nicht ungewollt dem Pferd Platz zu machen.

Wichtig ist, dass wir vom Pferd wahrgenommen werden. Es sollte uns nicht als „Beiwerk" betrachten, das zwar anwesend ist, aber im Grunde auch gehen könnte. Das erreicht man durch den Einsatz des eigenen Körpers. Er ist unsere Verbindung zum Pferd. Er gibt ihm Informationen über uns und die Aufgaben.

Unsere Körpersprache ist das Mittel, um uns auszudrücken,

damit wir mit dem Pferd eine Beziehung aufbauen können.

Dazu muss es uns verstehen und begreifen, was wir von ihm wollen. Wir haben viele Möglichkeiten, um uns einem Pferd mitzuteilen. Nach meiner Erfahrung ist es sinnvoll viel auszuprobieren, um ein Pferd kennenzulernen. Ich verwende zum Beispiel meine Arme und mache bewusst durch Geräusche auf mich aufmerksam, damit ich sehen kann, wie das Pferd darauf reagiert. Ist es neugierig oder scheut es schnell? Nähert es sich mir freiwillig, obwohl es mich noch nicht kennt, oder sucht es das Weite, weil es noch unsicher ist? Mit klarem Ausdruck gehe ich auf das Pferd zu, um zu sehen, wie es damit umgeht. Dann schicke ich es unmissverständlich von mir weg. Danach lade ich es ein, zu mir zu kommen, weil ich wissen möchte, ob es schon so weit ist, Anschluss zu suchen. Ist es das nicht, dann bewege ich es weiter, bis es Bereitschaft zeigt, mir zu folgen. Dadurch soll es lernen, dass es ihm bei mir gut geht. Es hat nichts zu befürchtet, sondern kann sich vertrauensvoll anschließen. Ich möchte, dass es weiß, dass ich den Weg kenne und dass es eine gute Entscheidung trifft, wenn es bei mir ist. Ich signalisiere zu jederzeit, dass es willkommen ist, ich mich aber nicht von ihm bewegen lasse. Dazu arbeite ich mit Druck, den ich aber an das Wesen des jeweiligen Pferdes und an die unterschiedlichen Situationen anpasse.

Neben dem **direkten Druck**, der dann zum Einsatz kommt, wenn durch Hilfsmittel wie Halfter und Strick ein Pferd beispielsweise vorwärtsgeschickt wird, gibt es auch den **indirekten Druck**. Dieser ist aus meiner Sicht viel entscheidender und ermöglicht nachhaltigere Ergebnisse: Es geht um die Intuition, ein Gefühl, das ich plötzlich habe, wenn ein Pferd beginnt, mit mir zu kommunizieren. Das zeigt es meist noch sehr vorsichtig an, aber wer genau hinsieht, der bemerkt vielleicht einen kurzen Blick oder eine erste Tendenz, das innere Ohr dem Menschen zuzuwenden. Es ist eine Art Nachgeben vonseiten des Pferdes, eine „Gesprächsbereitschaft", die zunächst zaghaft da ist, aber bei Beachtung immer deutlicher wird. Wer das beginnt zu sehen, der hantiert nicht mehr mechanisch am Strick oder sendet laute Botschaften, sondern achtet automatisch auf die leisen Signale, weil diese so großes „Gewicht" haben.

Bedeutende Gesten beginnen meistens sehr klein, werden aber,

wenn sie gesehen werden, immer klarer.

Wird ein Pferd weich, gibt plötzlich nach, dann ist es wichtig, den Druck zu reduzieren und eine Einladung auszusprechen. Der Blick des Pferdes und auch sein Körper folgen dann dem Menschen.

Tatsächlich ist es absolute Gefühlssache und hat nichts mit Technik zu tun, wie viel Druck auf ein Pferd ausgeübt wird, damit es versteht. Auch Pferde „reden" unterei-nander über Druck und Energie. Aber das muss klar sein: Der Druck vonseiten des Menschen verringert sich im Laufe der Ausbildung. Aus dem direkteren, stärkeren Druck zu Beginn, damit eine gemeinsame Ebene gefunden wird, sollte mehr und mehr ein indirekter Druck werden, der intuitiver und feiner wird. Dazu sollte man immer wieder überprüfen, wie gut das Pferd schon auf dieses gefühlsmäßige Verhal-ten reagiert. Antwortet es mit Kooperation, dann ist direkter Druck nicht mehr an-gemessen. Er dürfte vom Pferd auch als „unhöflich" oder „extrem" wahrgenommen werden. Wenn wenig reicht, dann sollten wir es nicht übertreiben, nur um unsere Autorität zu beweisen. Das macht für Pferde keinen Sinn.

Kooperation

Um Zusammenarbeit zu erreichen, müssen wir etwas tun. Niemand wird von einem unbekannten Pferd sofort akzeptiert. Es liegt in der Natur der Flucht- und Beutetiere, dass sie erst prüfen, ob sich ein Anschließen lohnt. Geschenke, weil man so nett wirkt, verteilen sie aus überlebenstaktischen Gründen nicht. Aber sie lassen uns eine Chance und sind im Grunde auch willig, sich anzuschließen. Dazu sollten wir uns aber klar und deutlich ausdrücken, indem wir Grenzen setzen und damit dokumentieren, wer wir sind. Es geht darum, eine Basis zu schaffen, die klarstellt, wer ausweichen soll.

Respekt voreinander ist die Grundlage von allem,
was wir mit einem Pferd erreichen wollen.

Hat der Mensch keinen Respekt vor der Natur des Pferdes, wird es das sofort wissen und nicht kooperieren wollen. Hat das Pferd keinen Respekt vor dem Menschen, wird dieser den Kürzeren ziehen, weil er keine 600 Kilo hat, viel langsamer ist und ohnehin kein Artgenosse. Die erste Lektion für die zukünftige Zusammenarbeit ist also zu klären. Sie lautete: **Wer weicht vor wem?** Ich gehe dazu gezielt und emotionslos auf das Pferd zu, wobei meine Körpersprache sehr deutlich ist. Ich achte darauf, auszustrahlen, was ich vom Pferd möchte, nämlich weichen. Hier reichen mir zunächst Tendenzen oder kleinere Schritte, die mir zeigen, dass es mich wahrgenommen hat und mich respektiert. Nun lade ich das Pferd ein, zu mir zu kommen. Ist mir der Pferdekopf zugewandt, wende ich mich ab und nehme das Pferd auf diese Weise mit mir. Für eine gelingende Kommunikation ist genau dieser Moment, in dem das Pferd kooperationsbereit ist, entscheidend.

Insbesondere im **Roundpen** hat der Mensch gute Chancen, sich einem Pferd verständlich zu machen. Da dieser kleiner ist als die Halle und zudem rund angelegt – sprich das Pferd keine Möglichkeit hat, sich in einer Ecke zu verkriechen und uns seine Hinterhand zuzuwenden – verläuft die Kommunikation reibungsloser. In der Regel zeigen Pferde recht schnell erste Signale, dass sie ein „Gespräch" suchen. Sie sind auf Sicherheit und Obhut aus. Haben sie keine schlechten Erfahrungen gemacht, zeigen sie meist nach kurzer Zeit Interesse am Menschen. Tendieren beispielsweise die Ohren des Pferdes nicht mehr nach außen, sondern wenden sich dem Menschen zu, dann kann man davon ausgehen, dass das Pferd den Menschen „hören" möchte. Etwas Gelassenheit von unserer Seite ist nach meiner Erfahrung sehr wichtig bei diesen ersten Kontakten. Ich erwarte nicht, dass das Pferd mit seiner kompletten Aufmerksamkeit sofort bei mir ist. Lieber nehme ich erste Signale wahr und bestärke diese. Dann wird es mich irgendwann nicht nur hören, sondern auch sehen wollen. Dennoch fordere ich Aufmerksamkeit ein und setze auch Grenzen, wo ich sie für angebracht halte.

Dadurch, dass ich das Pferd in Bewegung halte, beschäftige ich es und sorge dafür, dass es Zeit bekommt, sich mit mir und der Situation auseinanderzusetzen. Auch kann es nicht selbst entscheiden, was es macht. Dennoch hat es die Wahl nachzudenken und zu bestimmen, wann es sich mir anschließen möchte.

Senkt das Pferd erstmalig seinen Kopf, dann weiß ich, dass wir einen wichtigen Schritt hin zur Zusammenarbeit geschafft haben. Das Pferd ist bereit zuzuhören. Sind auch der Hals und der Rücken noch durchgedrückt, ist es trotz dieser Anspannung kooperationswilliger. Es denkt noch nach und geht in Verhandlungen mit mir. Zwar lässt es sich noch nicht so gerne von mir bewegen, aber ich sehe das gelassen und mache einfach stoisch weiter, weil ich weiß, dass das nur eine Abwehrphase ist, die vorübergeht.

Wer jetzt weiter sensibel auf die Signale des Pferdes achtet, der erreicht einen Dialog.

Irgendwann überdenkt jedes Pferd die Situation – mal geht das schneller, mal dauert es länger. Ich bewerte das nicht, sondern nehme es, wie es ist, weil ich weiß, dass das Pferd nun mal so viel Zeit braucht, wie es eben braucht. Bemerke ich Weichheit im Ausdruck des Pferdes, werde auch ich weicher und genehmige eine Pause. Spannt es sich an und versperrt sich, treibe ich es an, um es in Bewegung zu halten. Dadurch lernt das Pferd, dass es ein besseres, angenehmeres Leben hat, wenn es sich mir anschließt.

Ich mache jedem Pferd durch klares Kommunizieren deutlich, dass entspanntes Zusammensein gepaart mit Ruhe möglich ist, wenn es ebenfalls ruhig ist und meinen Individualabstand respektiert.

Die meisten Pferde verstehen dieses Prinzip recht schnell. Natürlich gibt es auch immer solche, die es genauer wissen wollen und mehrmals überprüfen, ob man es ernst meint und vertrauenswürdig ist. Bei solch dominanten Pferden darf man unter keinen Umständen aufgeben, Ungeduld oder Unverständnis zeigen. Völlig emotionsloses Arbeiten ist hier ganz wichtig, dann lenken sie ein und schließen sich schlussendlich auch an. Mag dies auch vorsichtiger ausfallen als bei anderen, so ist es dennoch entscheidend, auch kleinere Ansätze in die richtige Richtung zu bestärken.

Die **Körpersignale** eines Pferdes zu deuten, kann jeder lernen. Voraussetzend ist, dass man wirkliches Interesse hat und auch bereits ist, an sich zu arbeiten. Man sollte nicht ständig nur aufs Pferd schauen und verbissen ein bestimmtes Ergebnis erzielen müssen, sondern innerlich wirklich offen für das Wesen des Pferdes sein. Verurteilungen sind aber fehl am Platz – das hilft weder dem Pferd noch einem selbst. Viel wichtiger ist es, einem Pferd zu zeigen, dass man auch auf es *re*agiert. Bemerke ich Kooperationswillen, dann wende ich mich körpersprachlich ab, damit das Pferd mein Verhalten als Angebot versteht. Indem ich meinen Körper eindrehe, lade ich das Pferd ein. Dieses Verhalten meinerseits orientiert sich an der Natur des Pferdes – daher versteht es mich und folgt meiner Einladung.

Es gibt allerdings auch Pferde, die gelernt haben, dass sie mit **Ignoranz** weiterkommen. Vermutlich haben dann Menschen in der Vergangenheit zu schnell aufgegeben oder das Pferd bei ungewollten Verhaltensweisen aus Versehen bestärkt, indem sie ihm beispielsweise eine Pause gewährt haben. Dadurch hat es abgespeichert, dass es bei Desinteresse aus der Situation entlassen wird und Ruhe bekommt. Diese Pferde sehen wenig Sinn darin, mit dem Menschen zu kooperieren. Warum auch? Aus ihrer Sicht meinen Menschen es nicht ernst und ziehen sich schnell zurück, wenn man sie missachtet. Ich akzeptiere ein solches Vorgehen nicht!

Eine Zusammenarbeit ist nur durch beidseitigen Einsatz erreichbar.

Ich möchte eine harmonische Partnerschaft und nicht unhöflich behandelt werden. Darum fordere ich konsequent Aufmerksamkeit ein. Ignorante Pferde schauen oft in der Gegend rum, versuchen nicht zu reagieren und entziehen sich gerne, weil sie überzeugt sind, auf diese Weise bald in Ruhe gelassen zu werden. Um beachtet zu werden, beginne ich bewusst Geräusche zu machen (z. B. mit dem Führstrick auf den Boden klopfen). Darauf reagieren die meisten Pferde. Zwar entziehen sie sich wieder, aber sie merken dann doch irgendwann, dass die Geräusche bleiben, wenn sie wegschauen. Nur wenn sie mich beachten, gebe ich Ruhe. Auch kreisende Bewegungen mit dem Strick erregen Aufmerksamkeit beim Pferd und verfehlen ihre Wirkung nicht. Natürlich sollte man die Intensität der Sensibilität des jeweiligen Pferdes anpassen, aber wie viel nötig ist, hat man schnell raus. Zudem schicke ich das Pferd gezielt von mir weg. Ich möchte, dass es begreift, dass ich mich nicht abschütteln lasse und außerdem auch Respekt verdient habe, denn diesen bekommt es auch von mir. Folgender Grundsatz hilft mir beim Training sehr:

Ich möchte einem Pferd immer erwünschtes Verhalten einfach machen und unerwünschtes Verhalten schwer.

Wer das beherzigt, der vermittelt seinem Pferd, dass sich Kooperation lohnt.

Pferde benötigen eine zuverlässige Rückmeldung, um lernen zu können. Dadurch fühlen sie sich sicher und sind leichter bereit, mit dem Menschen zusammenzuarbeiten.

Einigkeit

Haben wir vonseiten des Pferdes einen Kooperationswillen zur Zusammenarbeit erreicht, beginnt die eigentliche „Arbeit". Es ist nun eine Grundlage geschaffen, auf der wir aufbauen können, um eine Einheit zu werden. Den Grundstock dazu müssen wir am Boden legen – auch wenn wir eigentlich „nur" ein Reitpferd wollen. Es macht wenig Sinn, etwas vom Sattel aus zu probieren, was am Boden nicht klappt.

Für alles, was wir mit einem Pferd erreichen wollen,
müssen wir zunächst am Boden arbeiten.

Eine wirklich freundschaftliche Beziehung beginnt mit der Bodenarbeit und diese sollte uns auch immer begleiten. Hier können wir viel besser in die Kommunikation gehen, uns dem Pferd eindeutiger begreiflich machen und auch Konflikte und Missverständnisse ausräumen. Das wichtigste Ziel für die Bodenarbeit ist Sicherheit zu erzeugen, denn Pferd und Mensch sollen sich wohl miteinander fühlen. Ein allgemeingültiges Rezept, wie Bodenarbeit ablaufen sollte, gibt es aus meiner Sicht nicht. Viel hängt vom Timing und dem Gefühl ab, weil Pferde genau wie wir Individuen sind, die sich unterschiedlich verhalten und verschieden lernen. Dennoch wollen sie gefallen und ich denke, dass genau hierin der Schlüssel, egal ob ein Pferd zurückhaltend oder temperamentvoll ist.

Eine der wichtigsten Absichten der Bodenarbeit sollte es sein, alle Bereiche des Pferdekörpers bewegen zu können, damit das Pferd die Basics lernt, die wir später immer wieder abrufen können. Dazu sollten nach meiner Erfahrung Grundlagen geschafft werden.

Faire Voraussetzungen schaffen

★ *Abgrenzung*

Für Pferde ist es wichtig zu wissen, ob sie sich gerade in einer Trainingseinheit befinden oder ob sie Freizeit haben. Ich halte es für den Ausbildungserfolg für entscheidend, dass diese Abgrenzungen gezogen werden und das Pferd die Regeln kennt.

★ Stufen

Keiner kann rennen, bevor er gehen kann. Daher sollten wir auch im Pferdetraining so fair sein und den Schwierigkeitsgrad sinnvoll aufbauen. Überforderung ist aus meiner Sicht genauso schlecht wie Unterforderung. Beides kann Unwillen und Blockaden erzeugen. Die Motivation, sich am Geschehen zu beteiligen sollte beim Pferd erhalten bleiben. Das geht am besten, wenn es weder stumpf bereits Bekanntes ständig wiederholen muss noch Dinge leisten muss, die es noch nicht kann. Ich bevorzuge es, sehr kleinschrittig zu arbeiten, damit es weitergeht und das Pferd für sich Erfolge verbuchen kann.

★ Rückmeldung

Ein Pferd muss wissen, ob sein Verhalten so in Ordnung war oder nicht. Es fragt sich, ob es alles richtig macht. Daher braucht es unbedingt eine Rückmeldung, damit es zufrieden ist. Ansonsten verliert es schnell die Motivation an der Mitarbeit, weil es sich ohnehin nicht lohnt. Ohne Feedback keine Sicherheit!

Grundsätzlich gilt: Nur zufriedene Pferde sind motiviert und lernfähig. **Zufriedenheit** können wir vor allem durch seelische und körperliche Gesundheit erreichen.

Gesundheit erschaffen wir durch Ausgeglichenheit und diese ist nur durch eine Haltung und einen Umgang zu erreichen, der sich an der Natur des Pferdes orientiert. Neben viel Sozialkontakt brauchen Pferde unbedingt hochwertiges Raufutter und viel Platz zur freien Bewegung.

Sind die Grundbedürfnisse eines Pferdes nicht erfüllt, sondern erleidet es einen Mangel, kann ich kaum von ihm verlangen, dass es motiviert mitarbeitet, damit wir eine Einheit bilden. Die Grundbedürfnisse eines Pferdes stehen generell über jedem Trainingserfolg. Alles andere ist unfair und wird vom Pferd auch quittiert werden. Immerhin möchten wir Einigkeit, Kooperation und Lernerfolge, um harmonisch miteinander arbeiten zu können. Da macht es doch Sinn, zunächst einmal auf das Pferd zu schauen und herauszufinden, was es braucht, um zufrieden und glücklich zu sein. Erst dann haben wir eine Basis geschaffen, die einen Aufbau ermöglicht.

Darüber hinaus sollten wir uns gewissenhaft mit den natürlichen **Grundmustern der Kommunikation** des Pferdes auseinandersetzen. Diese sind Regeln, die wir begreifen und verinnerlichen sollten. Nach meiner Erfahrung ist es unsinnig vom Pferd zu verlangen, dass es sich meiner Sprache anpasst. Das tut es nicht! Ich muss seine verstehen, damit wir uns einig werden können. Erst wenn ich verstanden habe, wie Pferde untereinander agieren, um sich auszudrücken, kann ich mich verständlich machen.

Natürliche Bewegungsmuster

★ Überholverbot

Ein rangniederes Pferd darf ein ranghohes nicht einfach überholen. Es ist besser beraten, wenn es hinter ihm läuft und um Erlaubnis fragt, bevor es einfach losstürmt; ansonsten muss es mit erzieherischen Konsequenzen rechnen.

Fazit: Auch wir sollten einem Pferd das Überholen nicht durchgehen lassen, weil es sich sonst für ranghoch hält und daher tun und lassen kann, was es gerade möchte. Der Mensch gibt den Weg vor und das Pferd folgt ihm, weil es ihm vertraut und sich sicher fühlen darf.

★ Entscheidungen

Rangniedere Pferde verlassen sich instinktiv auf die Leittiere innerhalb ihrer Herde. Droht Gefahr, dann orientieren sie sich an ihrer Laufrichtung und hinterfragen diese Entscheidung nicht. Damit die ganze Gruppe überlebt, ist es in der Natur so geregelt, dass es eine Hierarchie gibt.

Fazit: Sind wir vertrauenswürdig, treffen gute Entscheidungen und zeigen sichere Wege auf, dann folgt das Pferd uns aus natürlichen Gründen.

★ *Ausweichen*

Ranghohe Pferde dürfen rangniedere zu jeder Zeit und an jedem Ort zum Weichen auffordern. Das lässt sich innerhalb einer Herde ganz leicht von außen beobachten.

<u>Fazit:</u> Auch der Mensch sollte die Bewegungsrichtung des Pferdes vorgeben. Das bedeutet nicht, dass wir nicht harmonisch miteinander sein können – im Gegenteil: Wer sich von seinem Pferd bewegen lässt, der kann sich von Einigkeit verabschieden.

Einigkeit kann nur durch Grenzen erreicht werden.
Durch solche, die ich als Mensch setze und solche,
die das Pferd aus natürlichen Gründen setzt.

Pferde brauchen Grenzen, um sich orientieren zu können.

Akzeptanz

Wir haben bereits festgestellt, dass Pferde vor allem Sicherheit wollen. Damit das gelingt und sie sich auf die gemeinsame Arbeit einlassen, sollten sie schon früh mit verschiedenen Hilfsmitteln, Materialien und Gegenständen vertraut gemacht werden. Dazu zählt für mich auch der Mensch selbst. Wir sollten, bevor wir große Anforderungen an ein Pferd stellen, zunächst daran arbeiten, es überall berühren zu können. Ein Pferd muss wissen, dass vom Menschen keine Gefahr ausgeht, damit es eine Bindung aufbauen kann. Hat es das verstanden, dann wird es in schwierigen Situationen immer die Anlehnung bei seinem Menschen suchen. Es ist unsere Aufgabe, dem Pferd die Scheu zu nehmen. Ich akzeptiere nicht, dass ein Pferd Stellen hat, an denen es nicht berührt werden möchte. Zwar gehe ich langsam und schrittweise vor, aber das Ziel ist klar:

Gewöhnungstraining ist wesentlich, um eine Beziehung herzustellen. Darum steht die Körperarbeit an erster Stelle der Ausbildung.

So lange ein Pferd bei Berührungen noch Abwehr oder Angst zeigt, hat es kein Vertrauen. Zuerst muss hieran gearbeitet werden, bevor Weiteres ansteht. Das Pferd gibt das Tempo vor, damit es nicht überfordert wird, aber das Ergebnis muss ein Pferd sein, das Nähe zulässt.

Sind gesundheitliche Probleme auszuschließen, kann die **Körperarbeit** beginnen, und zwar an Bereichen, die für das Pferd noch in Ordnung sind. Berührungen müssen nicht unbedingt bei der ersten Trainingseinheit direkt am gesamten Körper möglich sein. Pferde haben sehr unterschiedliche Erfahrungen gemacht und daher sind ihre Reaktionen auf Körperkontakt auch sehr vielfältig. Vertrauen kann sich nur langsam und über Beständigkeit aufbauen. Kleinere Fortschritte sollten sich aber nach und nach schon einstellen, ansonsten muss der Weg anders gegangen werden. Zwang ist allerdings nie eine Lösung. Freiwilliges Handeln aus eigenem Antrieb ist die Voraussetzung für die Arbeit mit einem Pferd; der Mensch macht Angebote und bestärkt die erwünschte Reaktion, damit das Pferd überhaupt eine Lernchance bekommt. Problematischen Körperregionen wird sich am besten einfühlend und schrittweise genähert.

Vorgehensweise bei der Körperarbeit

★ Zuerst berühre ich ein Pferd an Stellen, die es mag und lobe es.

★ Ein Stick (als verlängerter Arm) kann eine gute Hilfe sein, um sich schwierigen Körperstellen langsam zu nähern. Auf diese Weise kommt man dem Pferd nicht zu nahe, um Verletzungen am eigenen Körper zu vermeiden. Auch kann ich so überprüfen, wie das Pferd tatsächlich reagiert und auf welchem Lernstand es sich befindet. Vielleicht kann ich es ja doch bereits mit meiner Hand anfassen.

★ Wenn ein Pferd dem Stick oder meiner Hand ausweicht, dann darf es sich, sollte es das noch brauchen, auch einige Schritte entfernen. Ich möchte es nicht einschränken, sondern den wahren Stand der Dinge erfahren, damit ich das korrekt einschätzen kann. Daher binde ich ängstliche Pferde in diesem Stadium auch noch nicht an. Sie sollen Bewegungsraum haben.

★ In einem abgesteckten Rahmen lasse ich also Ausweichen zu, entscheidend ist aber, dass die Berührung dennoch anhält. Das Pferd soll nicht erfahren, dass es sich entziehen kann, sondern das nichts passiert, wenn es Kontakt zulässt.

★ Irgendwann bleibt das Pferd stehen, weil es begriffen hat, dass keine Gefahr existiert. Jetzt ist es wichtig, stimmlich sofort zu loben und eine Pause einzulegen, damit es Zeit zur Verarbeitung bekommt.

★ Auf diese Weise dehne ich die Berührungen auf alle Körperstellen aus, bis das Pferd sich anstandslos berühren lässt und sich sein Lob abholt.

Durch dieses Training – ganz gleich, wie lange es dauert – können wir enorm viele Vertrauenspunkte sammeln. Immerhin weiß ein Pferd, dass wir im Grunde Raubtiere sind; dennoch erfährt es am eigenen Leib, dass es unversehrt bleibt und wir uns fair verhalten. Insbesondere durch das gemeinsame Überwinden von Stresssituationen bzw. allem Neuen stärken wir das Vertrauen unseres Pferdes in uns. Werden Hindernisse und Ängste überwunden, dann präsentieren wir uns als verlässlich. Das merken sich Pferde!

Konsequenz und Beständigkeit sind bei der Körperarbeit wichtig,
damit das Pferd keinen falschen Lerninhalt verinnerlicht
und begreift, dass Berührungen gefahrenlos sind.

Lässt ein Pferd sowohl den Stick als auch die Hand des Menschen an seinem Körper zu, dann können **andere Materialien** zum Einsatz kommen. So zum Beispiel eine Plastikplane. Diese macht vielen Pferden zunächst Angst, aber bei einer allmählichen Konfrontation, die auf Überforderung verzichtet, gewöhnen sie sich schnell. Nach meiner Erfahrung gilt grundsätzlich bei der Gewöhnung an unbekannte Objekte:

Dass das Stressniveau des Pferdes steigt,
ist nicht schlimm, sondern eine Lernvoraussetzung.

Wer sein Pferd ständig vor allem schützen möchte, der tut ihm keinen Gefallen. Wir zwingen Pferde unsere Welt auf, da macht es Sinn, ihnen diese auch zu zeigen. Wichtig sind nur die Intensität und die Regelmäßigkeit der Arbeit, damit das Pferd seine Anspannung zu überwinden lernt. Dabei gilt:

Einige Minuten Stress, der vorübergeht, sind besser
als ein Leben in Angst und Panik.

Insgesamt ist es wichtig bei der Konfrontation mit Neuem, dass erste Entspannungssignale wahrgenommen werden und sofort jeder Druck verringert wird. Nur so kann dauerhaftes Lernen stattfinden.

Entspannungssignale bei Pferden

★ Kopf senkt sich,

★ Bewegungsdrang reduziert sich,

★ Atmung wird langsamer,

★ Fuß knickt ab,

★ freiwillige Annäherung an das „gefährliche" Objekt,

★ Auseinandersetzung (z. B. schnuppern) am unbekannten Gegenstand,

★ Berührungen mit dem Objekt werden zugelassen.

Erfahrungsgemäß lassen sich selbst sehr empfindliche und panische Pferde durch eine sensible und konsequente Handhabe irgendwann überall berühren und mit unterschiedlichen Materialien konfrontieren. Der Vorteil ist: Der alltägliche Umgang ist nun viel einfacher und läuft insgesamt deutlich harmonischer ab, weil das Pferd dem Menschen Vertrauen entgegenbringt. Darauf kann nun aufgebaut werden.

Nachgiebigkeit

Viele Pferde haben ihren natürlichen **Gegendruck-Reflex** nicht überwunden. Das bedeutet, dass sie an einigen (oder auch mehreren) Körperstellen, wenn auf diese selbst leichter Druck ausgeübt wird, mit Gegendruck reagieren. Das Weichen vor Druck müssen Pferde erst lernen. Es ist eine wirklich sehr wichtige Voraussetzung, um mit ihnen umgehen und arbeiten zu können. Ausgebildete Pferde weichen, wenn sie zur Seite treten sollen oder gehen willig rückwärts, wenn man sie dazu auffordert bzw. weichen vor dem Reiterschenkel. Hingegen reagiert ein junges oder unausgebildetes Pferd instinktiv mit Gegendruck, indem es sich in den Druck hineinlehnt. Aber auch vielen älteren Pferden ist das Nachgeben nicht ausreichend beigebracht worden. Ich lege bei der Ausbildung einen extrem großen Wert darauf, weil das willige Nachgeben sehr viele Probleme, die häufig auftreten, erst gar nicht entstehen lässt. Die gute Nachricht: Man kann das Weichen natürlich auch bereits ausgebildeten Pferden, die in diesem Bereich noch Defizite haben, nachträglich beibringen. Vorsicht und exaktes Timing sind bei dieser Aufgabe aber wichtig. Der Druck, den der Mensch ausübt, muss sofort aufhören, sobald das Pferd auch nur in Ansätzen bereit ist, nachzugeben. Das ist aus meiner Sicht der einzige Weg, damit Pferde lernen, was von ihnen erwartet wird.

Wer allerdings den Druck wegnimmt, während das Pferd dagegen geht, der hat sein Pferd dazu erzogen, dass es bei Druck ziehen soll.

Ein gut ausgebildetes Pferd, das keine Gefahr für sich oder den Menschen darstellt, reagiert bei Druck sofort mit Nachgeben. Geht ein Pferd in den Gegendruck, dann muss der Druck so lange aufrechterhalten werden, bis das Pferd Nachgeben als Lösung anbietet. Nur so können Pferde nachhaltig lernen, weil sie erleben, dass sie bei richtigem Verhalten eine Entlastung bekommen. Unerwünschtes Verhalten verbessert dagegen ihre Situation überhaupt nicht.

Wird **Nachgiebigkeit** gut am Boden gelehrt, dann wird ein Pferd auch unter dem Sattel viel besser und zuverlässiger weichen. Es ist die Verantwortung des Menschen, dem Pferd beizubringen, dass es sein natürliches Gegendruckverhalten bei uns nicht braucht, sondern in Nachgeben umwandeln darf. Darauf kommt es nicht von ganz alleine. Man könnte natürlich auch so argumentieren, dass Pferde nun mal Pferde sind und deshalb so bleiben sollen, wie sie sind. Tatsache ist aber, dass sie das willige Nachgeben bei exaktem Timing und korrekter Handhabe recht schnell lernen. Der viel entscheidendere Grund, der dafür spricht, ist aber, dass unsere domestizierten Pferde in unserer Welt leben und nicht in der freien Wildnis, wo der Gegendruck-Reflex seinen Sinn hat. Hier bei uns ist er stark hinderlich für das Zusammensein. Ein Pferd, das am Strick zieht (und sich vielleicht verletzt) oder mit seinem Gewicht gegen den Menschen geht bzw. partout nicht auf die Reiterhilfen reagiert, ist eine Gefahr für sich und andere. Das bedeutet täglicher Stress für alle Beteiligten. Warum es allen schwer machen, wenn man es leicht und harmonisch haben kann?

Zunächst sollte ein Pferd lernen, den **Kopf zu senken**, wenn es gefordert wird.

Das Kopfsenken ist aus zweierlei Gründen wichtig: Einerseits hat es mit Respekt zu tun und andererseits hat es praktische Gründe, weil ein Pferd auf diese Weise immer unkompliziert aufgehalftert und getrenst werden kann und nicht – wie so viele Pferde – seinen Kopf hochschmeißt, um sich der Einwirkung zu entziehen.

Vorgehensweise beim Senken des Kopfes

★ Ich stelle mich neben das Pferd und lege ihm eine Hand auf den Nacken. Die andere Hand berührt den Nasenrücken des Pferdes.

★ Entweder übe ich sehr leichten Druck nach unten aus, um das Pferd zum Senken zu veranlassen, oder ich bewege ganz vorsichtig den Pferdekopf rhythmisch hin und her. Letztere Methode hat sich bei sensiblen Pferden bewährt. Die Intensität des Drucks mache ich immer von der Sensibilität und der Reaktion des Pferdes abhängig.

★ Sobald das Pferd auch nur ansatzweise den Kopf senkt, gebe ich nach und lobe es. Ich erwarte anfangs kein tiefes Senken, sondern nur Tendenzen. Gibt das Pferd noch nicht nach, sondern ignoriert meine Bitte, dann werde ich nicht stärker, sondern bleibe einfach nur konsequent dran. Irgendwann wird es eine Lösung anbieten.

★ Jede Übung beende ich immer mit einem positiven Erlebnis, einem Erfolg für das Pferd, damit es motiviert bleibt. Von Zeit zu Zeit wiederhole ich die Aufgabe, um sie aufzufrischen. Auch wechsle ich immer mal wieder die Seite, damit das Pferd auf beiden Seiten sensibel bleibt. Erst nach und nach fordere ich tieferes Senken.

Neben dem Kopfsenken lege ich auch großen Wert auf die **Nachgiebigkeit im Hals**. Um die laterale Flexibilität zu fördern, bringe ich einem Pferd bei, dass es seinen Hals auf ein leichtes Signal hin umwendet. Die Füße des Pferdes bleiben bei der Übung aber stehen, damit der Hals in beide Richtungen ausreichend gedehnt wird. Das seitliche Biegen ist nach meiner Erfahrung eine wichtige Basis, damit ein Pferd nachher durchlässig genug ist, um den Körper exakt positionieren zu können.

Vorgehensweise bei der lateralen Flexibilität

★ Ich stelle mich seitlich auf Schulterhöhe des Pferdes, und zwar ziemlich genau dort, wo der Reiter sitzen würde. Nun übe ich einen leichten seitlichen Druck auf den Strick aus.

★ Wichtig ist, dass man nicht am Strick zieht. Das Pferd soll nur verstehen, dass es seinen Hals leicht in meine Richtung biegen soll – dazu brauche ich nicht grob zu werden, sondern nur freundlich zu fragen.

★ Wenn das Pferd anfänglich ein bisschen um mich rumläuft, weil es noch nicht verstanden hat, dass es stehenbleiben soll bei der Übung, dann bewerte ich das nicht negativ. Dennoch halte ich den Druck so lange aufrecht, bis ich eine Biegung im Hals feststellen kann. Damit ist das erste Ziel erreicht. Irgendwann wird es langsamer werden bzw. sogar ganz stehenbleiben.

★ Wendet das Pferd erstmalig seinen Hals in meine Richtung, belohne ich sofort mit Stimmlob und einer anschließenden kurzen Pause. Gibt das Pferd nach, reduziere ich den Druck – das ist das Prinzip.

★ Muss ich keinerlei Druck mehr einsetzen, damit das Pferd seinen Kopf umwendet, dann weiß ich, dass es die Übung nun gut verstanden und verinnerlicht hat. Widersetzt es sich, erhöhe ich den Druck nach und nach, bis es bereitwillig nachgibt.

Manche Pferde weichen früher und andere brauchen länger. Das hat wenig mit Intelligenz zu tun, sondern die Gründe liegen im Wesen des Pferdes. Ich bewerte das nicht, sondern habe mein Ziel vor Augen. Auch heißt es nicht, dass ein Pferd, das sich hier schwertut, bei einer anderen Übung nicht viel besser und schneller sein kann.

★ Es gibt auch Pferde, die zwar schnell nachgeben, dann aber sofort am Strick ziehen und direkt zur Ausgangsposition zurückkehren, um sich schnell zu entlasten. In dem Fall hat das Pferd zwar kooperiert, aber entschieden, wie lange es nachgeben möchte. Daher ist für mich die Übung noch nicht gut umgesetzt. Ich zeige dem Pferd dann, indem ich den Druck aufrechterhalte, dass es sich gelöst und weich biegen soll und sich auf die gleiche entspannte Weise auch wieder geraderichten kann.

★ Wer diese Übung wiederholt und zu gleichen Teilen auf beiden Seiten trainiert, der hat auch ein Pferd, das sich unter dem Sattel deutlich williger biegen und stellen lässt.

Grenzen

Im Laufe ihrer Ausbildung sollten Pferde lernen, dass die Impulse vonseiten des Menschen vor allem Kommunikation sind. Ein Pferd muss wissen, was es im Rahmen einer Verständigung mit dem Menschen genau machen soll; ansonsten fühlt es sich unsicher und will nicht mehr kooperieren, weil es ständig Frustrationen erlebt. Daher ist es wichtig, dass es versteht, was wir uns von ihm wünschen.

Wir haben bereits festgestellt, dass die Nachgiebigkeit eine entscheidende Grundlage ist, um mit einem Pferd zu kommunizieren und gefahrenlos umgehen zu können. Durch temporären und gezielt eingesetzten Druck bzw. Impulse machen wir uns verständlich und das Pferd weiß, dass es nun eine bestimmte Bewegung ausführen soll, um ein Lob oder Entlastung zu bekommen. Das alles passiert im Grunde über Grenzen. Wir setzen dem Pferd diese ganz bewusst, um uns auszudrücken und ein Ziel zu erreichen – genauso, wie Pferde das untereinander auch tun.

Um noch mehr Nachgiebigkeit zu erreichen,
müssen wir deutlichere Grenzen setzen.

Wir sollten den Körper unseres Pferdes in alle erdenklichen Richtungen mit wenig Einsatz bewegen können – so auch die **Vor- und die Hinterhand** des Pferdes. Die Verschiebung der Hinterhand (Vorhandwendung) und der Vorhand (Hinterhandwendung) sind wichtige Lektionen, die ein Pferd leicht und weich machen. Dabei lernt der Mensch das Zusammenspiel der Hilfen zu dosieren. Leicht und locker kann ein Pferd erst dann in seinen Bewegungen werden, wenn es gelernt hat, weder seine Muskulatur noch sein Gewicht gegen den Menschen einzusetzen. Wer am Strick zieht und zerrt, der zeigt seinem Pferd, dass er gar nicht an einem partnerschaftlichen Miteinander interessiert ist. Aus Sicht des Pferdes greift der Mensch es an. Darum wird es die Zusammenarbeit „kündigen" und lieber eigene Wege gehen. Es verhält sich störrisch, geht viel gegen den Menschen, mag ihm nicht folgen und verkrampft sich. Damit das nicht passiert, sind Übungen, die das Weichen lehren, sehr hilfreich. Wer die Hinterhand seines Pferdes jederzeit verschieben kann, der kontrolliert sozusagen den „Motor" – sowohl am Boden als auch vom Sattel aus. Nur den Kopf und die

Vorhand zu bewegen, reicht keinesfalls aus, um sich einem Pferd verständlich zu machen und es geschmeidig und willig in seinen Bewegungen zu bekommen. Das gilt auch fürs Reiten: Eine Versammlung ist nur durch die Einwirkung auf den Pferdekopf nicht erreichbar, denn diese kommt aus der Hinterhand (→ siehe ausführlicher ab Seite 151). Daher müssen wir am Boden die Grundlagen legen.

Das Ziel beim **Weichen der Hinterhand** (Vorhandwendung) ist, dass das Pferd dem Druck auf seine Hinterhand weicht und dabei das innere Hinterbein vor dem äußeren Hinterbein kreuzt.

Vorgehensweise bei der Vorhandwendung

★ Bei einer Vorhandwendung soll die Hinterhand des Pferdes weichen, während die Vorhand stehenbleibt.

★ Um dem Pferd die Übung zu erleichtern, biege ich den Hals vorab leicht in meine Richtung. Später ist diese Hilfestellung nicht mehr nötig.

★ Ich stehe auf Schulterhöhe des Pferdes und lasse es seinen Kopf leicht zu mir neigen. Mit meiner Hand zeige ich auf die Hinterhand bzw. die Hüfte des Pferdes. Manche Pferde sind so sensibel und kooperativ, dass sie darauf bereits richtig reagieren. Bleibt ein Pferd aber stehen und ignoriert oder missversteht meine Hilfe, werde ich deutlicher: Mit dem Strickende wedle ich Richtung Hinterhand. Weicht das Pferd immer noch nicht – was selten vorkommt –, dann steigere ich die Intensität und die Geschwindigkeit. Berührungen vermeide ich allerdings; ich erhöhe nur den Druck.

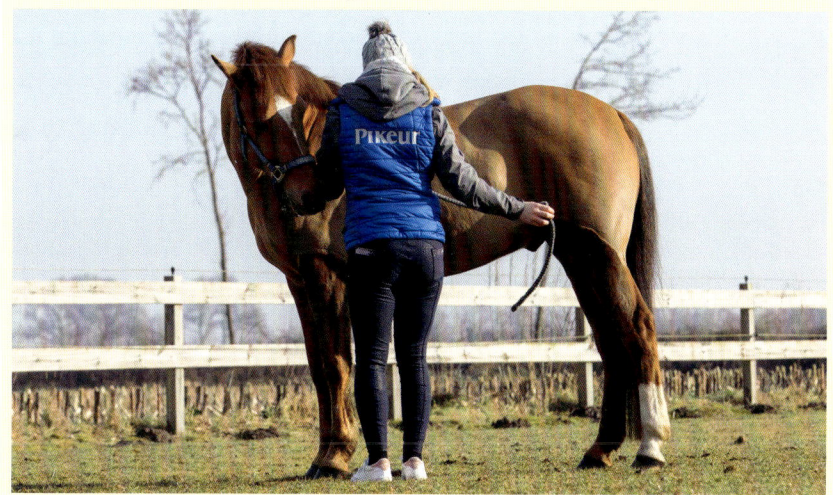

★ Sollte das Schwingen des Seils nicht ausreichen, muss ich meine Körpersprache verdeutlichen, damit das Pferd meine Signale besser versteht und mit dem inneren Hinterbein tief unter den Schwerpunkt tritt. Dazu schaue ich mit meinen Augen direkt und gezielt auf die Hinterhand des Pferdes und gehen bestimmt auf diese zu. Dadurch fordere ich das Pferd noch ausdrücklicher auf.

★ Auch bei dieser Übung arbeite ich beide Seiten gleichmäßig und gehen immer nur kleinschrittig vor. Jedes Bemühen des Pferdes wird wie gewohnt ausgiebig gelobt und bestätigt.

Insbesondere bei Pferden, die die Vorhandwendung neu lernen, gebe ich mich mit ersten Ansätzen in die richtige Richtung zufrieden. Erst nach und nach erhöhe ich meinen Anspruch und den Schwierigkeitsgrad.

★ Aus meiner Sicht hat das Pferd die Übung verstanden, wenn es mit seiner Hinterhand weicht, und zwar durch ganz feine Hilfen meinerseits. Ich versuche meine Signalgebung schrittweise auf ein Minimum zu reduzieren, sodass das Pferd alleine durch einen Blick auf seine Hinterhand bereits weicht.

Kann ich die Hinterhand eines Pferdes einwandfrei bewegen, dann gehen ich in einem weiteren Schritt dazu über, auch die Schulter des Pferdes kontrollieren zu können. Bei der **Verschiebung der Vorhand** (Hinterhandwendung) soll das Pferd mit der Schulter weichen, indem es sich um seine Hinterhand wendet. Mit dem äußeren Vorderbein kreuzt es vor dem inneren, während die Hinterhand stillsteht.

Vorgehensweise bei der Hinterhandwendung

★ Ich positioniere mich etwas vor der Schulter des Pferdes und bringe seinen Kopf leicht in die Richtung, in die es gehen soll, damit der restliche Körper folgen kann.

★ Mit der einen Hand übe ich Druck auf die Schulter des Pferdes aus, damit es weiß, in welche Richtung es gehen soll, und mit der anderen Hand halte ich den Pferdekopf in der korrekten Stellung. (Wer das möchte, der kann auch mit einem schwingenden Strick auf die Schulter des Pferdes einwirken.)

★ Damit die Hinterbeine stehenbleiben, richte ich das Pferd anfangs einige Schritte rückwärts, sodass es sein Gewicht nach hinten verlagert. Das hilft vielen Pferden.

★ Die Übung gelingt, wenn das Pferd leicht und willig mit der Vorhand in die gewünschte Richtung weicht und gleichzeitig mit den Hinterbeinen stehenbleibt.

★ Manche Pferde brauchen für diese Lektion mehr Raum als andere. Sie fühlen sich eingeschränkt und brechen dann nach vorne aus. Das ist eine Übungssache und erfordert manchmal etwas Geschick vom Menschen. Ich probiere vieles aus und helfe den Pferden auch gelegentlich, indem ich meine Hand als Barriere in Richtung des Pferdeauges führe. Berührungen sind natürlich tabu, aber als Begrenzung funktioniert das zu Beginn gut. Auch eine Gerte oder ein Fähnchenstock/Stick können helfen, damit das Pferd besser versteht, was es machen soll.

★ Wieder lobe und bestärke ich jede Tendenz und jeden Schritt in die richtige Richtung. Ich übe gleichmäßig auf beiden Seiten und arbeite kleinschrittig – das bedeutet, dass die Anzahl der Schritte von Trainingseinheit zu Trainingseinheit erhöht werden.

Wenn ich den Kopf, den Hals, die Vor- und die Hinterhand eines Pferdes bewegen kann, dann habe ich mir Respekt und Vertrauen erarbeitet.

Um die Koordination und die Körperwahrnehmung eines Pferdes zu schulen, trainiere ich gerne das **Seitwärtsgehen**. Pferde werden durch diese Übung aufmerksamer, insgesamt gelöster und geschmeidiger in ihren Bewegungen. Auch die Balance wird geschult – sowohl die des Pferdes als auch die des Menschen. In meinen Kursen erlebe ich häufig, dass diese Übung vernachlässigt wird. Gerne möchten die Leute schnell Ergebnisse in Freiheitslektionen. Für mich ist das aber die Grundlage, auf die ich großen Wert lege.

Vorgehensweise beim Seitwärtstreten

★ Zu Beginn kann es helfen, wenn eine Begrenzung geschaffen wird. Dazu nutze ich gerne die Hallenbande. Das Pferd stelle ich anfangs mit dem Kopf in Richtung der Bande; erst später lasse ich diese weg und arbeite auch mittig auf dem Platz oder im Gelände.

★ Ich stelle mich neben das Pferd und halte entweder meine Hand oder eine Gerte bzw. einen Strick in Richtung Pferderumpf. Will ich das Pferd nach rechts schicken, dann stehe ich links – und andersherum. Durch meinen Körper blockiere ich so den Weg in die falsche Richtung und gebe den Weg in die richtige frei.

★ Da es vielen Pferden schwerfällt, mit ihrem gewohnten Standbein zu überkreuzen, kann die jeweilige Schulter des Pferdes vor Beginn der Übung durch Schlangenlinien und/oder Stangenarbeit gelöst werden.

★ Kopf, Hals und Rumpf erhalten nun das Signal zum seitlichen Übertreten. Dazu übe ich so viel Druck auf die Schulter des Pferdes aus wie nötig ist.

Gleichzeitig blockiere ich den Weg nach vorne. Letzteres ist besonders wichtig, damit das Pferd, wenn ich ohne Begrenzung arbeite, nicht einfach nach vorne läuft. Später ist das aber nicht mehr nötig.

★ Gibt das Pferd nach, dann gebe auch ich nach und lobe.

★ Bei dieser Übung baue ich bewusst Pausen ein, denn sie ist anstrengend. Viele Pferde bevorzugen andere Aufgaben als das Seitwärtstreten, daher lobe ich sehr viel, weil ich weiß, dass es ihnen manchmal schwerfällt.

★ Da für einige Pferde das seitliche Übertreten aus der Bewegung heraus leichter zu lernen ist als aus dem Stand, führe ich sie in einer Schlangenlinie nach außen, um sie dann sofort wieder nach innen zu holen und dabei mit der Hinterhand übertreten zu lassen.

★ Am Anfang gebe ich mich mit ein oder zwei korrekten Schritten zufrieden und führe das Pferd dann einige Runden, damit es verarbeiten kann. Bevor ich es erneut versuche, bekommt es also viel Entlastung, weil Übertreibungen schnell zu Frustrationen führen können.

★ Nach und nach werden die Bewegungsabläufe aller Pferde in beide Richtungen flüssiger, obwohl meist eine Seite etwas besser läuft als die andere. Das macht aber nichts. Trainiert werden trotzdem beide gleich.

Neben dem Seitwärtstreten ist auch das **Rückwärtsrichten** eine sehr wichtige Übung. Jedes Pferd sollte sich verlässlich rückwärtsschicken lassen. Ein Pferd, das weich, flüssig und kontrolliert rückwärtstritt, kann alle anderen Anforderungen besser umsetzen. Sowohl der Gleichgewichtssinn als auch die Aufmerksamkeitsspanne bzw. die Konzentrationsfähigkeit verbessern sich.

Auch bei dieser Übung soll das Pferd dem Druck nachgeben und weichen. Welche Hilfestellung ein Pferd dazu braucht, ist tatsächlich unterschiedlich. Ich probiere das immer aus und schaue gezielt, was gut funktioniert. Starker Druck bei dominanten Pferden kann zu Widerstand führen (das Pferd steigt oder rennt weg). Daher gehe ich sanft vor und frage höflich. Immerhin ist das Rückwärtslaufen auch eine Art „Unterwerfungsgeste" und wird von einigen Pferden versucht zu umgehen. Die Druckdosierung von unserer Seite ist also nicht unerheblich.

Es gibt ganz verschiedene Ansätze, einem Pferd das Rückwärtsgehen am Boden beizubringen. Dabei ist die eine Art nicht besser als die andere. Es gilt auszuprobieren, auf was das jeweilige Pferd gut reagiert. Das ist aber klar:

Das Verhältnis zwischen Mensch und Pferd wird durch das Rückwärtsrichten gestärkt, denn auch in stressigen Situationen kann es wieder Entspannung und Ruhe einkehren lassen.

Ziel der Aufgabe ist es, dass das Pferd im Zweitakt mit dem jeweils diagonalen Beinpaar fließend nach hinten tritt. Dabei soll es den Rücken wölben und den Kopf etwas senken. Letzteres gelingt zu Beginn den wenigsten Pferden. Das bewerte ich aber nicht negativ, denn das Kopfsenken beim Rückwärtstreten kann es auch später noch lernen. Viel wichtiger ist für mich anfangs, dass die Beine ganz deutlich abfußen und wieder auffußen. Entscheidend sind die deutlichen Tritte nach hinten. Alles andere kommt danach. Wichtig für den weiteren Lernerfolg des Pferdes ist, dass wir feinfühlig vorgehen und jeden kleinen Versuch bestärken. Senkt es den Kopf schon leicht oder verlagert sein Gewicht nach hinten, dann motiviere ich ein Pferd sehr stark, weil ich weiß, wie anspruchsvoll diese Aufgabe ist. Da Pferde aus natürlichen Gründen die Vorwärtsbewegung und die Flucht bevorzugen, ist das Rückwärtstreten eine schwierige Lektion. Demnach ist vonseiten des Menschen nur ein sanfter Druck angemessen, damit das Pferd langsam lernt, diesem zu weichen.

Vorgehensweise beim Rückwärtsrichten

★ Ich stehe leicht seitlich vor dem Pferd und erhöhe ganz gelassen den Druck auf das Halfter. Dabei ziehe ich keinesfalls am Strick, sondern lasse es ruhig angehen. Reagiert das Pferd auf meine erste Frage noch nicht, tippe ich mit einer Gerte oder den Fingerspitzen sanft an die Brust.

★ Spätestens jetzt verlagern die meisten Pferde ihr Gewicht nach hinten. Direkt erfolgt eine Belohnung von meiner Seite und der Druck lässt nach.

★ Nun erwarte ich im weiteren Verlauf einen ersten kleineren Schritt nach hinten. Damit eine Bestärkung erfolgen kann, sollte das Pferd also mit einem Bein zurücktreten. Ich möchte ein Pferd, das willig mit gesenktem Kopf und gewölbtem Rücken auf ein feines Signal hin mehrere Schritte bereitwillig rückwärtstritt.

★ Eine weitere Herangehensweise ist diese: Ich stelle mich frontal vor das Pferd und schüttle den Strick so lange, bis es nachgibt und nach hinten tritt. Das Seil halte ich unmittelbar ruhig, wenn es das korrekte Verhalten zeigt. Bei dieser Variante kann es sein, dass das Pferd zu Beginn den Kopf hochnimmt – das gibt sich aber mit der Zeit.

★ Manche Pferde neigen dazu, durch das seitliche Ausweichen das Rückwärtstreten zu umgehen. In einem solchen Fall kontrolliere ich vermehrt die Schulter, damit es nicht zur Seite gehen kann. Erst wenn das Pferd einen geraden Schritt nach hinten gemacht hat, verringere ich die Einwirkung.

Sowohl das Rückwärtsrichten als auch alle anderen vorbereitenden Übungen in diesem Kapitel sind eine optimale Grundlage für die Arbeit am Boden und das Reiten. Gymnastizierung ist von Anfang an wichtig, damit das Pferd weich und locker in seinen Bewegungsabläufen wird.

Eine vertrauensvolle Beziehung herzustellen, ist keine leichte Aufgabe, aber sie geschieht am Boden und nirgendwo anders.

Vertrauen können wir nicht erzwingen.
Wir können nur Regeln aufstellen.

Freiarbeit

Wie ein Gefühl einem Gefühl

zu folgen beginnt

Häufig beobachte ich, dass Reiter ihre Pferde zwar vom Sattel aus einigermaßen „unter Kontrolle" haben, ihnen am Boden aber „hilflos ausgeliefert" sind. Zudem haben sie noch einen weiteren Konflikt: Sie wollen ihr Pferd zwar gerne auf Abstand haben, halten es aber dennoch zum Beispiel beim Führen ganz kurz am Strick. Das ist natürlich ein Widerspruch, der dem Pferd nicht verborgen bleibt.

Das Nähe-Distanz-Verhältnis kann nur am Boden geklärt werden.

Pferde können am besten bei der Arbeit in einem Roundpen lernen, Nähe und Distanz kontrollieren zu lassen. Hier läuft die Basiskommunikation ab, ohne die es im Alltag, auf Turnieren, Kursen oder sonstigen Situationen, die neu, ungewöhnlich oder beängstigend sein können, sehr schwierig werden kann.

Aber auch der Alltag mit Pferden, der tägliche Umgang und schlussendlich das Reiten profitieren stark von der Arbeit in einem **Roundpen**, in dem sich letztlich alle Beziehungsebenen offenlegen und klären lassen.

Sowohl der Mensch als auch das Pferd können viel direkter miteinander „reden". Beide können sich austauschen, sich kennenlernen, Regeln definieren und Ziele setzen. Der Kontakt zueinander – ohne direkte Verbindung wie einen Führstrick – ermöglicht ein ganz anderes Miteinander. Es entsteht eine Achtsamkeit, die auch in stressigen Situationen schnell wieder Ruhe und Gelassenheit einkehren lässt.

Durch die Arbeit in einem Roundpen lernen wir das individuelle Wesen unseres Pferdes viel besser kennen, können effektiver mit ihm kommunizieren, dessen Reaktionen klarer abschätzen und bilden unsere Körpersprache und unser Timing weiter aus. Aus diesem Prozess entwickelt sich irgendwann eine Leichtigkeit im Umgang mit Pferden, die dann auch im Sattel zu spüren ist.

Beschaffenheit des Roundpens

Der Durchmesser eines Roundpens sollte zwischen 15 und 20 Metern liegen. Kleinere Pferde wie Ponys oder wendige Westernpferde kommen sehr gut mit ca. 16 Metern aus. Größere Warmblüter, die eine völlig andere Übersetzung haben, brauchen mitunter etwas mehr Platz.

Für die Einzäunung gilt: Umso solider sie ausfällt, desto sicherer ist der Arbeitsbereich. Stabilität ist deshalb wichtig, weil Pferde auch schon mal die Flucht ergreifen und unter keinen Umständen während der Arbeit ausbrechen sollten. Das wäre nicht nur ein sehr ungünstiger Lerneffekt, der das Pferd auf die Idee bringt, sich jederzeit entziehen zu können, wenn es etwas ungemütlich wird, sondern kann auch zu Verletzungen führen, die unbedingt vermieden werden sollten.

Mit zunehmender Erfahrung im Roundpen wird man selbst immer sicherer, gelassener und auch konsequenter im Umgang mit dem Pferd und lernt viel dazu, was sich natürlich auch positiv auf das Training auswirkt. Dieses kann dann ausgebaut werden und die Übungen können an andere Örtlichkeiten ebenfalls trainiert werden. Ich arbeite auch gerne in einer Reithalle als Steigerung, denn diese ist deutlich größer und weist zudem Ecken auf, in die sich ein Pferd verkriechen kann – eine Herausforderung. Wenn ich es dazu bekomme, dass es sich dennoch auf mich konzentriert und meine Person als Fokus sieht, weiß ich, dass wir einen ganzen Schritt weitergekommen sind.

Dann erweitere ich das Training auf ein anderes Rechteck (beispielsweise einen Reitplatz oder eine Wiese, die zunächst noch eingezäunt sein sollte, aber nochmal deutlich größer ist als eine Halle). Durch dieses Vorgehen kann ich überprüfen, wo genau ich mit dem jeweiligen Pferd stehe. Sollten noch Defizite erkennbar sein, dann gehe ich einen Schritt zurück. Zunächst werden aber aus Sicherheitsgründen alle Übungen im Roundpen erarbeitet – alles andere ergibt sich automatisch mit der Zeit.

Achtsamkeit

Ähnlich wie innerhalb einer Pferdeherde kommunizieren auch wir mit einem Pferd im Roundpen. Wir bedienen uns der Mittel (natürlich im Rahmen unserer Möglichkeiten), die Pferde auch untereinander einsetzen, um sich verständlich zu machen. Pferde treiben sich gegenseitig, um ihre Stellung bzw. ihren Rang in der Gruppe zu verdeutlichen oder zu erarbeiten. Sie kontrollieren abwechselnd ihre Bewegungen und geben dem jeweils anderen den Weg vor. Sehr gut ist dieses natürliche Vorgehen zu beobachten, wenn ein neues Pferd in eine bereits etablierte Gruppe integriert werden soll. Es wird von den anderen in Bewegung gehalten, bis es lernt, auf die immer feiner werdenden Signale der anderen zu reagieren. Auf diese Weise findet das neue Pferd seinen Platz in der Herde.

> *Genau diese natürlichen Verhaltensweisen nutzen wir im Roundpen, um mit einem Pferd in Kontakt zu treten.*

Ich möchte, dass ein Pferd lernt, mich zu respektieren, zu achten und auf mich zu reagieren, wann und wie ich es fordere. Es soll dabei motiviert und aufmerksam mitarbeiten sowie konzentrationsfähig und kommunikativ bleiben. Zwar möchte ich, dass es offen für Neues ist, aber die Rollenverteilung ist dennoch klar: Da ich jederzeit den Weg vorgebe, die Richtung und das Tempo bestimme, bin ich die Autorität im Roundpen. Es ist unser gemeinsamer Arbeitsbereich, der uns effektive „Gespräche" ermöglicht, aber ich gebe den Ton an. Alles andere wäre auch ungünstig, denn erhebt das Pferd territoriale Ansprüche, die ich durchgehen lasse, dann begreift es sofort, dass es schneller und körperlich leistungsfähiger ist als ich. Auch wird es unter Umständen bemerken, dass es stärker ist und mich durch gezielte Tritte aus dem Arbeitsbereich entfernen kann, wenn es ihm „zu bunt" wird. Erlebt es mich als schwach, wird es seiner Natur entsprechend handeln und bestimmen, wo ich mich hinzubewegen habe. Das möchte ich unter keinen Umständen! Vielmehr ist das Ziel, dass das Pferd lernt, feinfühlig und achtsam auf mich zu reagieren. Möchte ich Aufmerksamkeit, dann verlange ich diese deutlich. Möchte ich, dass es weicht, dann fordere ich es konsequent dazu auf. Ich gehe mit dem Pferd einen **Deal** ein: Du machst, was ich sage, dann bekommst du ebenfalls Respekt, Vertrauen und eine faire Behandlung. Ich erwarte nichts, wozu ein Pferd noch nicht imstande ist, aber ich erwarte gesehen und gehört zu werden, damit eine gemeinsame Basis entstehen kann. Nur so kann ich die Beziehung zu einem Pferd klären, die aus meiner Sicht unbedingt auf Achtsamkeit fußen muss.

Mir ist wichtig, dass ein Pferd begreift, dass es sich meinem Einfluss nicht entziehen kann. Zwar kann es Runde um Runde laufen, wenn es das will, aber es kann nicht vor mir weglaufen. Egal, was es macht, ich bin noch da.

Dadurch lernen die meisten Pferde sehr schnell, dass Flucht kein sinnvolles Mittel ist, weil sie ergebnislos bleibt. Und genau hier liegt die erste Lektion des Pferdes:

Losrennen = mehr Arbeit.

Ruhiges Stehenbleiben = Entspannung.

Achtsamkeit einfordern

★ Zu Beginn lasse ich das Pferd den Arbeitsbereich alleine erkunden. Es soll eine Chance haben, sich mit der neuen Umgebung auseinanderzusetzen. Dazu darf es sich völlig frei bewegen. Ich stehe noch passiv in der Mitte und warte.

★ Wendet es sich von mir ab, dann treibe ich es an. Beachtet es mich und schaut mich fragend an, dann bekommt es Zuwendung.

★ Auf diese Weise kontrolliere ich bei korrektem Timing, denn das ist entscheidend, die Bewegungen des Pferdes. Pferde lernen dieses Prinzip sehr schnell, weil sie keine Energieverschwender sind, die aus natürlichen Gründen nicht mit ihren Ressourcen um sich werfen, sondern diese gezielt einsetzen. Das variiert zwar von Pferd zu Pferd, aber schlussendlich will keines sinnlos im Vollspeed durch die Gegend laufen, ohne einen Sinn zu erkennen. Viel lieber schließen sie sich an, wenn sie verstanden haben, dass es ihnen durch die Kooperation mit dem Menschen besser geht.

★ Das Ziel bei dieser Lektion ist ein Pferd, das sowohl die Distanz als auch die Nähe akzeptiert, und zwar dann, wann ich es fordere. Möchte es zu Beginn weit weg von mir, dann kann es laufen, kommt aber nicht sehr weit. Schließt es sich mir als Lösung an, bin ich ein ganzes Stück weiter.

Bewegung

Hat ein Pferd sich eingewöhnt, dann beginne ich es anzutreiben. Dazu verwende ich einen relativ langen Strick, der mindestens drei Metern aufweist, damit ich ausreichend Seil habe, um es bei Bedarf in Richtung des Pferdes schwingen zu können.

Ich sehe viele Leute, die ihre Pferde im Roundpen wie in einer Zentrifuge herumscheuchen, weil sie das mal irgendwo gesehen, gelesen oder gehört haben. Aus meiner Sicht sollte die Vorgehensweise Sinn machen und wir sollten uns immer fragen, ob das, was wir tun, auch auf ein Ziel hinsteuert. Es geht nach meiner Erfahrung nicht darum, als Sieger aus einem Duell hervorzugehen – frei nach dem Motto: Je mehr Runden ich das Pferd gejagt habe, desto besser. Vielmehr geht es darum, die Aufmerksamkeit des Pferdes zu erregen und diese in Bewegung umzuleiten, damit klar ist, wer die **Richtung** vorgibt. Auf diese Weise lernt das Pferd, dass der Mensch in der Mitte ranghoch ist. Das ist er aber aus Sicht des Pferdes nur so lange, wie er sich auch korrekt, fair und an die Natur des Pferdes angepasst benimmt. Übertreibt er es und nutzt seine „Macht" aus, dann wird das jedes Pferd als das erkennen, was es ist: Schwäche.

Maßhalten ist wichtig, damit das Pferd
den Menschen wirklich respektiert.

Die Richtung bestimmen

★ Zunächst warte ich auf die Aufmerksamkeit des Pferdes. Wenn es sein inneres Ohr zu mir bewegt oder sogar den Kopf zu mir neigt, dann gebe ich dem Pferd sofort Raum, damit es wenden kann.

★ Nachdem ich mich also etwas aus der Mitte zurückgezogen habe, damit es Platz hat, zu wenden, treibe ich es in die von mir gewünschte Richtung, indem ich das Seil bzw. die Peitsche direkt hinter der Kruppe schwinge.

★ Grundsätzlich bevorzuge ich das Wenden nach innen, sprich mit dem Kopf zu mir und der Kruppe zur Bande hin. Das Wenden zur Bande hin, also mit dem Kopf zur Bande und der Kruppe zu mir, ist für mich eher eine Notmaßnahme, wenn es schnell gehen muss. Natürlich passiert das hin und wieder.

Ich möchte aber ein Pferd, das sich mir zugewendet umdreht und mir nicht seine Hinterhand entgegenbringt. Jungen, unerfahrenen Pferden erlaube ich das Wenden zur Bande hin, da sie noch etwas Zeit brauchen, um zu verstehen, was ich möchte. Nach und nach sollen sie sich aber zu mir wenden – das stärkt die Bindung, denn beim Wenden zum Menschen hin müssen sie mehr auf dessen Signale achten.

★ Manche Pferde wollen es genauer wissen und sich die Bewegungsrichtung nicht diktieren lassen. In einem solchen Fall erhöhe ich meine Energie, werde körpersprachlich deutlicher und werfe bei Bedarf mein Seil. Ich bin kein Freund davon, das Pferd mit dem Seil zu treffen. Höchstens darf es das Pferd streifen; lieber werde ich aber mit meiner Körpersprache präziser, indem ich mit aufrechten und mit starken Schritten auf das Pferd zugehe.

★ Grundsätzlich gebe ich nicht nur die Bewegungsrichtung vor, sondern bestimme auch die Gangart. Für diese Übung ist ein gemächlicher Trab sinnvoll. Im Schritt sind Pferde schneller abgelenkt und geneigt stehenzubleiben. Im Galopp sind sie oft zu schnell oder wechseln ohnehin irgendwann in den Trab. Diesen Wechsel möchte ich aber nicht.

★ Viele Pferde lassen sich zwar einige Male wenden, gehen aber dann dazu über, selbst zu entscheiden, wann sie die Richtung wechseln. Ich interpretiere dieses Verhalten als eine Frage an den Menschen, ob dieser es denn wirklich erst meint und weiterhin in der Lage ist, konsequente Ansagen zu machen.
Wendet ein Pferd selbstständig in die andere Richtung, schicke ich es sofort und ohne Diskussion wieder in die von mir gewünschte Richtung, und zwar ausnahmslos.

★ Sollte ich merken, dass das Pferd die Richtung wechseln möchte, dann verhindere ich das bereits im Ansatz durch meine Körpersprache. Direkt versperre ich ihm dem Weg durch eine Positionsveränderung. Erfahrungsgemäß überprüfen die meisten Pferde, ob das ein Zufallstreffer war oder ob man nochmal dazu fähig ist. Ich bleibe konsequent dran, obwohl es hin und wieder dem einen oder anderen Pferd dennoch gelingt. Das ist nicht schlimm, aber dadurch merke ich, dass ich zu langsam war. Direkt wende ich das Pferd erneut in die von mir gewünschte Richtung und achte nun vermehrt auf die Signale des Pferdes und auf meine Körpersprache.

Die Konstitution eines Pferdes bestimmt, wie viel Anschub es tatsächlich braucht. Beispielsweise sind hoch im Blut stehende Pferde schneller gepuscht als entspannte Westernpferde. Erstere beginnen dann das Laufen und sind schwerer wieder zu beruhigen. Wir sollten also unseren Blick schulen und unsere Vorgehensweise, sprich unsere Energie und unsere Körpersprache, an das jeweilige Pferd anpassen.

Um eine Kommunikation herzustellen, reicht es aus, wenn ein Pferd nur einige Runden in allen drei Gangarten läuft. Wir müssen es nicht an seine Grenzen treiben, um uns verständlich zu machen. Ansonsten hat man dem Pferd ungewollt beigebracht, dass es am besten unkontrolliert losrast, wenn es den Menschen sieht.

Auf der anderen Seite gibt es auch sehr bequeme Exemplare, die sich gerne bitten lassen, überhaupt einen Schritt zu laufen. Pferde sind in diesem Punkt sehr individuell.

Wer mit einem Pferd effektiv arbeiten möchte, muss dessen Persönlichkeit und Erfahrungswerte zwingend berücksichtigen.

Vor allem erfahrene Pferde haben langst gelernt, dass sich die Muhen im Roundpen nicht lohnen. Lieber „sitzen" sie die Situation aus, um Energie zu sparen, weil der

Mensch ohnehin schnell aufgibt. Völlig unbeeindruckt gehen diese Exemplare ihre Wege alleine und warten darauf, in Ruhe gelassen zu werden. Bei solchen Pferden braucht der Mensch viel Durchsetzungsvermögen und Konsequenz, denn das Erfinderreichtum dieser Pferde ist enorm groß. Überreden lassen sie sich nicht und auch aus Sympathie zum Menschen sind sie nicht bereit, sich anzupassen. Es werden also „Fingerspitzengefühl" und eine große Portion Überzeugungskraft benötigt. Basierend auf den natürlichen Verhaltensmustern des Pferdes muss ihm gezeigt werden, dass wir die Ansagen im Roundpen machen und es schicken dürfen und auch werden, wie es uns gefällt. Wir erheben territoriale Ansprüche und setzen diese gradlinig und fair durch, um Respekt und Vertrauen zu ernten.

Die Kontrolle über die **Geschwindigkeit** eines Pferdes sollte der Mensch unbedingt haben. Auch ohne Longe oder anderer Hilfsmittel muss ich Gangart und Tempo zu jeder Zeit bestimmen können. Ich gebe vor, ob das Pferd im Schritt, Trab oder Galopp läuft und möchte nicht, dass es das selbst entscheidet. Zwar unterscheiden sich Pferde dahingehend sehr stark, wie viel Druck sie aushalten können, aber damit umgehen lernen, müssen sie alle.

Das Tempo bestimmen

★ Läuft ein Pferd verlässlich und in gleichmäßiger Geschwindigkeit in die von mir bestimmte Richtung, treibe ich es mit etwas mehr Druck an. Das Seil (Strick/Peitsche/Fähnchen) schwinge ich zu diesem Zweck etwas stärker, damit das Pferd schneller läuft, und gehe in eine treibende Position. Bewusst nähere ich mich dem Pferd. Reagiert es gut darauf, dann reduziere ich den Druck.

★ Soll das Pferd langsamer werden, verändere ich meine Position zum Pferd, indem ich mich hin zur Schulter des Pferdes bewege. Verringert es sein Tempo, gehe ich zurück auf Höhe der Mittelhand.

★ So kontrolliere ich die Geschwindigkeit eines Pferdes und wiederhole diese Vorgehensweise so lange, bis es gelernt hat, auf mich zu achten und sein Tempo anpasst.

★ Wird das Pferd bei geringem Druck langsamer und bei erhöhtem Druck schneller, dann werde ich passiver, ziehe mich zurück. Das Pferd hat verstanden, dass es mich bemerken soll, auf mich reagieren soll. Durch mein Zurücknehmen aus der Situation soll es mich ansehen und stehenbleiben. Es soll auf eine weitere Ansage warten.

★ Tut es das nicht, sondern lässt sich ablenken und beachtet mich nicht, baue ich sofort wieder Druck auf, um es in Bewegung zu bringen. Das wiederhole ich so lange, bis es sich mir zuwendet, wenn ich den Druck reduziere.

★ Hat das Pferd die Lektion verstanden und läuft bereitwillig in allen Gangarten in der gewünschten Geschwindigkeit, dann brauche ich keinen Druck mehr, denn nun reichen feine Signale meinerseits aus. Ich muss nur leicht meine Position verändern oder mit meinen Augen auf die Schulter oder die Hinterhand schauen, um das Tempo zu regulieren.

Einladung

Ein Pferd darf nur dann zu mir in die Mitte kommen, wenn ich das möchte. Selbstständig die Entscheidung zu treffen, den Hufschlag zu verlassen und zu mir hereinzukommen, genehmige ich nicht. In dieser Sache mache ich überhaupt keine Ausnahmen. Es darf nur dann hereinkommen, wenn ich die Mitte des Roundpens freigebe und eine Einladung ausspreche. Alles andere ist unhöflich und respektlos. Wer glaubt, dass ein Pferd einfach auf ihn zuläuft, weil es Anschluss sucht und beispielsweise Schutz braucht, der täuscht sich. Wenn man dieses Verhalten seinem Pferd genehmigt, dann erzieht man sich schnell einen „Tyrannen", dem man selbst beigebracht hat, dass er sich der Arbeit zu jeder Zeit entziehen kann und immer Aufmerksamkeit einfordern kann, wann es ihm gefällt. Das Pferd hat gelernt, dass es völlig unabhängig entscheiden kann, wann es wo hinläuft – diese Überzeugung kann sehr gefährlich werden.

Ich erlebe in meinen Kursen sehr häufig Menschen, die gar nicht bemerkt haben, dass ihr Pferd sie bewegt. Dadurch entstehen große Probleme, die sich zwar zunächst nur klein ankündigen, aber in Extremsituationen völlig eskalieren können.

Der Mensch bestimmt immer, wo das Pferd sich aufhält – und nicht andersherum.

An diesem Punkt der Ausbildung soll das Pferd ausgiebig damit konfrontiert werden, welches Verhalten seinerseits Druck auslöst und welches Nachgiebigkeit zur Folge hat.

Ein Pferd akzeptiert mich dann, wenn es sich mir zuwendet, die Ohren in meine Richtung spitzt und dadurch signalisiert, dass es auf eine nächste Ansage wartet. Es zeigt durch seine Gestik und Mimik, dass es bereit ist, mir zu folgen. Ob es sich wirklich an mir orientiert, überprüfe ich dadurch, dass ich eine **Einladung** ausspreche, zu mir in die Mitte zu kommen. Habe ich das Gefühl, dass das Pferd so weit sein könnte, dann halte ich es an, warte kurz ab und gehe dann in einem kleinen Halbkreis vor ihm auf und ab. Aufmerksam beobachte ich jetzt seine Körpersprache, weil dies ein wichtiger Kommunikationsmoment ist, der mir viel verrät. Wendet das Pferd Kopf und Hals in meine Richtung, dann ist die Aufmerksamkeit bei mir. Wendet es sich ab oder reagiert gar nicht, treibe ich es unmittelbar wieder an. Dieses Prinzip ist wichtig, weil wir im Roundpen die Beziehungsbasis legen. Ich beanspruche die komplette Innenfläche, während dem Pferd der Außenbereich gehört. Soll es zu mir in die Mitte kommen, trete ich vor das Auge des Pferdes. Schaut es mich an, gehe ich schnell rückwärts, um den Abstand zu wahren, denn befinde ich mich zu nah beim Pferd, wird es sich vermutlich umdrehen. Pferde brauchen manchmal Raum und Zeit, um zu begreifen, dass sie eingeladen wurden. Ist das Pferd nicht bereit, weil es mich noch nicht ausreichend als Autorität respektiert, dann bewege ich mich wieder auf es zu, damit ich seine Aufmerksamkeit bekomme.

Einer Einladung folgt ein Pferd erst dann,
wenn es den Menschen als ranghoch akzeptiert.

Pferde geben uns sehr deutliche Zeichen, ob sie uns bereits respektieren oder noch nicht. Treten sie in einen Dialog, anstatt sich ignorant und abweisen zu verhalten, dann stehen die Chancen sehr gut.

Mit ein bisschen Erfahrung hat man schnell raus, ob ein Pferd sich annähert und sich mit dem Menschen auseinandersetzt oder ob es noch mit allem anderen beschäftigt ist.

Die Augen eines Pferdes und besonders das Senken der Kopf- und Halspartie sind ein recht sicheres Zeichen dafür, dass es sich entspannen kann in der Gegenwart des

Menschen. Auch das Abschnauben zeigt Verhandlungsinteresse. Nehme ich diese Signale bei einem Pferd wahr, dann entferne ich mich von ihm, um zu zeigen, dass auch ich dialogbereit bin. Der Raum, den ich dadurch gebe, signalisiert dem Pferd, dass es sich nähern darf. Viele Pferde sind zu diesem Zeitpunkt noch etwas unschlüssig und vorsichtig, weil sie nicht sicher wissen, ob sie das Verhalten korrekt deuten. Andere folgen sehr zügig und selbstsicher – das verrät uns sehr viel über den Charakter des jeweiligen Pferdes.

Sollte ein Pferd mehrere Versuche brauchen, um eine Einladung anzunehmen, dann ist das nicht ungewöhnlich. Die wenigsten Pferde folgen direkt freiwillig dem Menschen. Lieber schützen sie sich und überprüfen den Menschen auf „Herz und Nieren", bevor sie sich bereitwillig anschließen. Wir müssen uns klarmachen, dass es letztlich die Entscheidung des Pferdes ist, ob es sich dem Menschen nähern möchte oder nicht. Zwang spielt bei dieser Übung keine Rolle, weil die Freiwilligkeit im Mittelpunkt steht.

Vertrauen können wir nicht erzwingen.

Wir können nur Regeln aufstellen.

Das korrekte Timing für das eigene Handeln und das dazugehörige Gefühl für die jeweilige Situation erlangt man nur durch Training. Das kann man nirgendwo abschauen oder lesen und es dann einfach umsetzen. Genau darum geht es für mich im Pferdetraining: Eine Kombination aus Feinfühligkeit und Konsequenz in der Umsetzung. Das verstehen Pferde. Beim Einladen geht es um das unsichtbare Band zwischen Mensch und Pferd, denn Hilfsmittel sind nicht vorhanden. Im Grunde machen wir dem Pferd ein Angebot und müssen es ihm überlassen, ob es dieses annimmt. Dennoch kann einiges helfen, um es dem Tier zu erleichtern: Will ein Pferd noch nicht zu uns kommen, dann kann man weiter um es herumlaufen und wieder ganz deutlich von ihm weggehen. Das vereinfacht es vielen Pferden, die Einladung anzunehmen. Das Weggehen mit zugewandtem Rücken kann vielen Pferden auch eine Hilfestellung sein. Das mache ich aber nur bei eher unsicheren, empfindlichen Pferden. Mit selbstsicheren Exemplaren halte ich hingegen stets Augenkontakt. Das ist immer wichtig, egal bei welchem Pferd: Nur das Eindrehen des Körpers zum richtigen Zeitpunkt wird von einem Pferd als Einladung verstanden.

Eine Einladung aussprechen

★ Wendet sich mir ein Pferd mit seinem Kopf- und Halsbereich zu und schaut mich an, gehe ich schnell und flüssig rückwärts von ihm weg. Dadurch mache ich ihm bewusst Platz, damit es versteht, dass ich eine Einladung ausgesprochen habe.

★ Ich verlasse also den Bereich in der Mitte des Roundpens und gehe rückwärts auf die andere Seite der Einzäunung. Ich verhalte mich passiv und abwartend.

★ Folgt das Pferd der Einladung und nähert sich mir, dann belohne ich es durch Streicheln. Es bekommt eine Pause, damit es sich bei mir wohlfühlt und verinnerlicht, dass es sich lohnt, Zeit mit mir zu verbringen.

★ Nicht selten kann man bei manchen Pferden beobachten, dass sie durch kleine Signale erfragen, ob sie sich nähern dürfen. Damit das Pferd nicht selbst entscheidet, lasse ich es noch einige Schritte gehen, belohne es aber dann dadurch, dass ich es zu mir reinhole. Es darf sich äußern, aber ich bestimme, wann es zu mir kommen darf.

★ Zudem hat es sich bewährt (insbesondere bei unerfahrenen Pferden), mit Abstufungen zu arbeiten: kurze Einladung auf Distanz – stehenbleiben – wieder wegschicken – erneut einladen – etwas näher kommen lassen usw. Dadurch entsteht ganz natürlich eine Art Leichtigkeit, die es ermöglicht, spielerisch das Nähe-Distanz-Verhältnis zu klären.

★ Wiederholungen sind auch bei dieser Übung wichtig. Nur so kann ein Pferd erlerntes Verhalten auf meine Aufforderung hin zuverlässig zeigen.

Folgen

Zeigt ein Pferd nach mehreren Einladungen, dass es bereitwillig zu mir kommt, dann möchte ich es mir folgen lassen. Viele Leser/innen kennen vielleicht meine Videos, in denen mir das Pferd auch anstandslos im Gelände willig folgt. Das mache ich unter keinen Umständen mit mir unbekannten Pferden und lege hier sehr viel Wert auf eine einwandfreie und sichere Vorbereitung. Was so unbeschwert und komplikationsfrei aussieht, ist „harte" Arbeit und fliegt niemandem einfach so zu. Den Grundstein zu diesen Ausflügen lege ich im Roundpen, weil ich nur hier die Beziehung zwischen dem Pferd und mir festigen kann. Es gibt auch etliche Tiere, mit denen ich nicht einfach ins Gelände gehen würde, sie vom Strick losmache und dann mal schaue, was passiert. Sicherheit geht immer vor! Es bedarf ein sehr kleinschrittiges Arbeiten, viel Zeit, Geduld und sehr viel Vertrauensarbeit, damit man mit seinem Pferd frei im Gelände arbeiten kann. Auch ist aus meiner Sicht nicht unbedingt jeder Charakter dazu geeignet. Es gibt sehr unabhängige und dominante Tiere, die sich zwar im Roundpen oder auch in anderen Situationen anschließen, aber immer „freier" bleiben als andere. Dennoch ist ein Vertrauens- und Beziehungsaufbau natürlich auch mit diesen Pferden möglich.

Wenn ich von einem Pferd möchte, dass es mir folgt, dann gehe ich, nachdem ich es zu mir hereingeholt habe, schnell voran. Ich lasse es nicht lange an Ort und Stelle stehen, sondern möchte es lieber in der Bewegung sehen. Wie selbstverständlich gebe ich den Weg vor und schaue, ob es sich mir anschließt. Folgt es mir, lobe ich es; läuft es in eine andere Richtung, dann treibe ich es wieder an. Hat es sich einige Runden bewegt, spreche ich erneut eine Einladung aus und versuche es nochmal. Das Prinzip dahinter ist folgendes:

> *Hörst du mir nicht zu, dann musst du arbeiten.*
> *Folgst du mir, dann wird es angenehm für dich.*

Die meisten Pferde verstehen das nach wenigen Wiederholungen und schließen sich lieber an, weil sie begreifen, dass es ihnen bei mir gut geht. Zudem vermeide ich auf diese Weise Strafen, die gerade bei Aufgaben, die eine Selbstständigkeit voraussetzen, schlecht wären.

Folgen lassen

★ Durch das Eindrehen meines Körpers (wie unter „Einladung" beschrieben) sorge ich dafür, dass das Pferd zu mir kommt. Nun gehe ich flüssig voran und vermeide dadurch langes Stehenbleiben auf einer Stelle, damit das Pferd nicht anderweitig abgelenkt wird, sondern konzentriert bei mir bleibt.

★ Ich gebe den Weg durch klare und zügige Schritte vor. Das kann geradeaus sein oder ich gehe Schlangenlinien. Das Pferd folgt mir quer durch den Roundpen.

★ Zwar wiederhole ich diese Übung mehrfach und auch an aufeinanderfolgenden Tagen bzw. Trainingseinheiten, überfordere und langweile das Pferd aber nicht damit. Ständiges Hinterlaufen zu erwarten, nervt Pferde irgendwann und sie entziehen sich wieder. Das kann ein Lernrückschritt sein, den ich auf jeden Fall vermeiden möchte. Lieber bringe ich Abwechslung ins Training und frage Gelerntes nur gelegentlich ab.

Dass Pferde in die Mitte des Roundpens kommen und dem Menschen folgen, hat nichts mit Magie zu tun. Tatsächlich ist das Folgen ein **natürliches Verhalten** und verlangt dem Pferd nicht viel ab. Ihr ganzes Leben folgen sie ihren Artgenossen – zunächst ihrer Mutter, dann den anderen Pferden in ihrer Gruppe, um den Anschluss nicht zu verlieren oder auch bei einer Flucht, um zusammenzubleiben und keine leichte Beute zu werden. Dennoch folgen Pferde dem Menschen weniger gerne, weil dieser nun mal kein Artgenosse ist. Sie müssen es also lernen; finden aber Gefallen daran, wenn man korrekt vorgeht, weil das grundsätzliche Verhaltensmuster instinktiv ist.

Ich erlebe bei meinen Kursen nicht selten, dass Teilnehmer das Folgen des Pferdes stark überbewerten. Natürlich ist es ein schönes Gefühl, aber tatsächlich nicht so besonders, wie es sich zu Beginn anfühlt. Viele werten es als eine Art Durchbruch in der Beziehung zum Pferd, aber in der Realität hat es sich nur kurzzeitig angeschlossen. Das ist zwar ein nicht unerheblicher Schritt in die richtige Richtung, kann sich aber auch schnell wieder ändern, wenn man nicht dranbleibt. Auch haben das Annehmen einer Einladung und das Folgenlassen wenig mit großer Zuneigung vonseiten des Pferdes zu tun. Vielmehr sucht es Anschluss, weil das bequemer ist, als laufen zu müssen. Wir nutzen nur das natürliche Verhalten der Pferde, um uns mit ihnen zu verbinden, uns verständlich zu machen.

Wir haben das Verhalten des Pferdes nicht erfunden,
sondern bedienen uns der Naturgesetze.

Am Ende des Tages hat keiner „das Rad neu erfunden", sondern ist nur präziser und feiner in seiner Kommunikation. In diesem Punkt lernt man allerdings sicherlich nie aus. Wir können also festhalten, dass das Folgenlassen zwar ein Erfolg ist, aber keiner, der unbedingt Bestand haben muss. Wir haben lediglich einen wichtigen Kontakt hergestellt, auf den aufgebaut werden kann.

Körpersprache im Überblick

Bewege dich weiter und halte Abstand!

Achte auf mich und halte an!

Wende dich in meine Richtung!

Wende dich ab und wechsle die Hand!

Komme zu mir!

Folge mir!

Lernen

Genau wie Menschen lernen Pferde ein Leben lang. Darum sind sie auch fähig, sich an ganz unterschiedliche Bedingungen anzupassen. Lernprozesse sind allerdings in beide Richtungen möglich – also sowohl in eine erwünschte als auch in eine unerwünschte. Erlerntes kann aber auch zu jeder Zeit umkehrbar sein, in den Hintergrund geraten oder einfach überschrieben werden. Dennoch speichern Pferde Erlebnisse mit Menschen, Tieren sowie unterschiedliche Situationen ab. Sowohl ihre Intelligenz als auch ihr Erinnerungsvermögen wurde sehr lange weit unterschätzt. Heute weiß man, dass Pferde vieles sehr lange in ihrem Gedächtnis abspeichern können und beispielsweise Artgenossen oder auch Menschen, die sie lange nicht gesehen haben, sofort wiedererkennen. Sowohl Freudiges als auch Angstbesetztes erinnern sie mitunter ein Leben lang. Das bedeutet für das **Lernverhalten** eines Pferdes, dass wir uns im Vorfeld Gedanken machen sollten, was und vor allem wie wir unser Pferd ausbilden möchten. Entscheidend ist für mich immer dieser Leitsatz:

Erfolgreich lernen kann nur, wer die erforderliche körperliche und seelische Reife in seiner Entwicklung bereits erreicht hat.

Überforderung oder das Beibringen von Lektionen, die einem Pferd schaden können, sollten vermieden werden, weil Ausbildungsrückschritte die Folge sind. Dabei gilt es zu berücksichtigen, dass nicht nur der Pferdekörper sich entwickelt, sondern auch das Pferdeverhalten im Laufe der Jahre Veränderungen unterliegt.

Ein Zweijähriger kann niemals körperlich und seelisch das schaffen, was er als Sechsjähriger kann.

Was sich logisch liest, wird in der Realität nicht selten übersehen. Manchmal haben die Menschen bestimmte Wünsche an ihr Pferd – was völlig in Ordnung ist –, berücksichtigen aber nicht die natürlichen Entwicklungsstufen. Daher meine ich, dass wir nur solche Bewegungsabläufe von einem Pferd verlangen sollten, die von Natur aus angelegt sind.

Berücksichtigung vorhandener Anlagen

★ Rassebedingte Voraussetzungen

★ Gebäude/Exterieur

★ Erfahrung

★ Psyche

★ Temperament/Charakter

Bei der Ausbildung von Pferden verändern wir ihr Verhalten. Dabei sollten wir aber das individuelle Wesen des Pferdes beachten und mit seinen natürlichen Instinkten arbeiten. Das Hauptziel ist, dass ein Pferd erwünschtes Verhalten wiederholt zeigt und dieses stets abrufbar ist. Dazu arbeiten wir am besten mit positiver Verstärkung bzw. Belohnung.

Eine Verstärkung ist eine Handlung vonseiten des Menschen als Konsequenz auf ein Verhalten des Pferdes, die dazu führt, dass das Pferd lernt, dieses Verhalten erneut zu zeigen. Grundsätzlich lernen Pferde mit **positiven Verstärkern** nachweislich am schnellsten und zuverlässigsten.

Positive Verstärker

★ Stimmlob

Sprachliche Bestätigung trägt bei Pferden dazu bei, dass sie sich anerkannt und gesehen fühlen. Lob ist nach meiner Erfahrung extrem wichtig, um langfristige Lernergebnisse zu erzielen. Am besten meint man ein Lob ernst, weil Pferde den Unterschied spüren. Zwar verstehen sie das gesprochene Wort nicht, aber sie bemerken, ob es ehrlich ist oder nicht. Zudem sollte man sich ein bestimmtes Wort überlegen (z. B. FEIN) und bei diesem auch bleiben, weil Pferde sich den Klang merken und schnell begreifen, dass sie etwas richtig gemacht haben.

Wichtig ist, dass wir zum Loben nur wenige Sekunden haben. Überschreitet die Zeitspanne mehr als etwas 3 Sekunden, sehen Pferde keinen Zusammenhang zwischen ihrer Handlung und dem Lob. Im schlechtesten Fall hat man dann Verhaltensweisen verstärkt, die man gar nicht bestätigen wollte.

Ich selbst „erzähle" den Pferden sehr viel. Dabei achte ich stark auf meine Tonlage, denn diese nehmen Pferde ungefiltert wahr. Nach meiner Erfahrung ist die Stimme sehr wichtig und hat einen enorm beeinflussenden Effekt – egal, ob ich nun hochfrequentiert „quietsche", um ein Pferd zu motivieren und aufzufordern; sanft spreche, um es zu loben, oder mal sehr streng und laut „Nein" rufe, um es zu disziplinieren.

★ Pausen

Nach einem erwünschten Verhalten sollte ein Pferd Entspannung durch eine kurze Pause bekommen. Auf diese Weise lernt es erfolgreich, was es machen muss, um Ruhe zu kriegen. Stille ist in der Welt der Pferde Lob, weil sie dadurch ihren eigenen Zustand verbessern können. Außerdem können sie durch eine Pause Erlebtes verarbeiten und besser abspeichern.

★ Streicheln

Um Leistung anzuerkennen, kann ein Pferd auch kurz gestreichelt werden. Manche Pferde mögen das und erleben Körperkontakt als Bestätigung, andere lehnen ihn ab bzw. verbinden nicht zwingend etwas Positives mit Berührungen. Sollte Letzteres der Fall sein, dann muss zwar die Körperarbeit (➔ siehe ausführlicher ab Seite 56) im Vordergrund stehen, aber als Verstärker ist sie noch nicht geeignet, weil der Lerneffekt zunächst noch ausbleiben wird.

★ Futter

Alles, was ein Pferd braucht, hat auch grundsätzlich eine Verstärkerfunktion. Dazu zählt auch Nahrung. Leider bringt das Füttern aus der Hand häufig mehr Probleme mit sich als es lösen kann. Nicht jedes Pferd lernt Sinnvolles durch die Vergabe von Futter; wobei das Füttern aus der Hand ohnehin keine Garantie dafür ist, dass Pferde ein erwünschtes Verhalten wiederholen. Zwar sehe ich das Füttern nicht ganz so kritisch wie andere Trainer, weiß aber, dass es sicher auch schiefgehen kann und nicht zu jedem Pferd-Mensch-Paar passt. Nicht wenige Pferde beginnen den Menschen als Futterlieferanten zu betrachten und respektieren den Individualabstand nicht mehr. Manche Pferde beginnen sogar, in den Taschen ihrer Besitzer nach Futter zu wühlen und geben sich zudem mit einem Sprachlob nicht mehr zufrieden, sondern fordern stets Nahrung für alle möglichen Verhaltensweisen. Im schlechtesten Fall erzieht man sich einen aggressiven Beißer.

Ich selbst arbeite nicht allzu häufig mit Futter. Nur bei sehr schwierigen Lektionen, die dem Pferd viel abverlangen wie beispielsweise das Liegen, setze ich Futterlob ein, um das Pferd zu motivieren. Dadurch bleibt das Füttern etwas Besonderes und ist für das Pferd keine Routine. Auch füttere ich erst, wenn ich ein Pferd sehr gut kenne, es mich respektiert und mir willig folgt. Ich habe die Erfahrung gemacht, dass wir für einen Vertrauensaufbau nicht unbedingt Futter brauchen.

Neben der positiven Verstärkung gibt es auch noch sogenannte **negative Verstärker**. Dabei werden bewusst vonseiten des Menschen unangenehme Reize entfernt, wenn das Pferd das korrekte Verhalten zeigt. Unerwünschte Verhaltensweisen sollen durch negative Verstärker verhindert werden. In den meisten Fällen handelt es sich bei negativen Verstärkern um Druck, den der Mensch bewusst aufbaut, um erwünschte Ergebnisse zu erzielen. Anders als bei der positiven Verstärkung, bei der auf ein erwünschtes Verhalten etwas Angenehmes folgt, muss das Pferd bei der negativen Verstärkung durch sein Verhalten dafür sorgen, dass der negative Verstärker verschwindet. Hat es die richtige Lösung gefunden, hört der Druck auf. Auf diese Weise lernt ein Pferd, zukünftig das erwünschte Verhalten häufiger zu zeigen. Zwar lernen Pferde durch positive Verstärkung besser als durch negative, aber das eine schließt das andere nicht aus. Insbesondere das Wegnehmen von Druck sorgt für Entlastung, was sich Pferde meistens sehr gut und auch langfristig merken. Nicht selten wird die negative Verstärkung mit einer Bestrafung verwechselt. Dem ist nicht so!

Negative Verstärkung ist keine Strafe!

Eine **Bestrafung** ist die unsinnigste Methode und lehrt das Pferd ganz sicher kein erwünschtes Verhalten. Negative Reize durch die Gerte, die Hand oder die Stimme sollten Ausnahmen vorbehalten sein, die nur dann gerechtfertigt sind, wenn sich jemand in Gefahr befindet bzw. Schaden abgewendet werden soll. Ein kräftiges Brüllen kann sicher dafür sorgen, dass man die Aufmerksamkeit seines Pferdes bekommt, bevor es etwas Dummes tut und sich oder andere verletzt. Wer sein Pferd aber aus Frustration anschreit, weil es etwas im Training nicht begreifen will, der zeigt ihm nur, wie schwach er ist.

Insbesondere handgreifliche Bestrafungen dürfen nur in Extremsituationen zum Einsatz kommen. Bevor ein Pferd beißt oder tritt, sollte man seinen eigenen Körper schützen. Schläge führen allerdings immer zu einem Vertrauensverlust und enden nicht selten in Hilflosigkeitsgefühlen beim Pferd, die sich auch irgendwann in Aggressionen entladen können. Daher sollte auf Bestrafungen grundsätzlich verzichtet werden. Lob und Anerkennung sind das richtige Mittel der Wahl, wenn man sich ein Pferd wünscht, das gerne bei einem ist und nachhaltig lernt.

Effektiv sind Lernvorgänge nur dann, wenn sie als solche auch beim Pferd abgespeichert werden. Der richtige Moment hat eine entscheidende Bedeutung.

Timing ist im Pferdetraining alles! Egal, was wir einem Pferd beibringen möchten, verstärken wir es nicht innerhalb von 1-3 Sekunden, bleibt der gewünschte Lerneffekt aus.

Die zeitliche Nähe zwischen erwünschtem Verhalten und der korrekten Verstärkung ist das Wichtigste. Was sich so leicht liest, ist im täglichen Training viel schwieriger umzusetzen, weil man viel Gefühl für den Moment braucht. Pferde sind sehr unterschiedlich und man muss viel ausprobieren, um erwünschte Ergebnisse zu erzielen.

Ich achte sehr stark darauf, was das jeweilige Pferd an Rückmeldungen gibt und rahme das eigentliche Training ein durch eine anfängliche **Aufwärmphase**, die das Pferd an die Lerneinhalte heranführt, und eine **Entspannungsphase**, die dem Pferd die Möglichkeit gibt, zu verarbeiten und runterzukommen. In der **Intensivphase** des Trainings verlange ich nach guter Vorbereitung Neues und beobachte Gestik und Mimik des Pferdes genau, damit es weder unter- noch überfordert wird. Pferde sollten „gelesen" werden, denn sie sind nicht nur sehr individuell in ihrem Lernverhalten, sondern haben auch ganz unterschiedliche Tagesstimmungen und Motivationen. Wichtig ist für mich, dass ich immer die Freude an der gemeinsamen Arbeit versuche aufrechtzuerhalten, bevor ein Pferd „sauer" wird und sich mir entzieht. Ich möchte ein Pferd weder überreden müssen noch will ich große Diskussionen führen, damit es mir zuhört. Daher treffe ich stets individuelle, situationsangepasste und tagesformabhängige Trainingsentscheidungen. Ist ein Pferd im Rahmen des Trainings wenig gefordert worden, dann kann ich ein letztes Bemühen vonseiten des Pferdes einfordern, bevor es seine verdiente Ruhe bekommt. Waren die Lektionen anspruchsvoller und das Pferd hat sich angestrengt, dann beende ich das Training deutlich früher, damit das Pferd sich in der nächsten Einheit wieder kooperativ zeigt.

Freiwilligkeit

Insbesondere, wenn wir Lektionen in der sogenannten **Freiheitsdressur** machen möchten, ist das Setzen von Zwischenzielen enorm wichtig. Ich erlebe viele Menschen in meinen Kursen, die eine oder mehrere Lektionen im Kopf haben, den Weg dahin aber noch nicht sehen. Daher ist es entscheidend, in kleinen und klar definierten Schritten zu trainieren, zu loben, wenn etwas funktioniert hat, und dann Pausen einzulegen.

Pferde lernen etappenweise – das weiß man heute aus der Forschung. Ich kann dies aus meiner Praxis bestätigen. Nach meiner Erfahrung lohnt es sich, wenn eine Übung in ihren Grundstrukturen klappt, zwischen den Wiederholungen größere Abstände einzubauen. Auf diese Weise hat das Pferd Zeit, Erlerntes zu speichern.

Können verfestigt sich über die Zeit,
wenn man dem Pferd Pausen einräumt.

Wer zu schnell vorangeht, der erreicht das Gegenteil, denn das Pferd speichert zu viel Druck in seinem Stressgedächtnis ab. Das ist ganz natürlich. Es verbindet dann negative Gefühle mit den Lektionen und möchte sie nicht wiederholen. Besser ist es, nachdem das Pferd etwas Neues gelernt hat, ihm die Möglichkeit zu geben, dies ganz in Ruhe zu verarbeiten, denn es muss sich davon überzeugen, dass ihm beispielsweise beim Liegen nichts Schlimmes passiert. Zwang ist an dieser Stelle kontraproduktiv. In der Zwischenzeit kann man Übungen machen, die dem Pferd vertraut sind und die es gerne macht.

Daher gilt bei allen folgenden Lektionen dieser Grundsatz:

Die beste Belohnung ist das Aufhören!

Wechselnde Bedingungen, unter denen man Lektionen übt, sind aus meiner Sicht ebenfalls sehr wichtig. Um zu wissen, ob eine Aufgabe wirklich funktioniert, sollte zur Verfestigung also an verschiedenen Orten geübt werden. Das gilt natürlich ganz besonders dann, wenn man beispielsweise auftreten möchte, denn Tiere bringen Gelerntes mit ihrer Umgebung in Verbindung und tun sich ganz unterschiedlich schwer, es auch in einem anderen Rahmen abzurufen. Daher trainiere ich, nachdem ich den Eindruck habe, dass ein Pferd eine Lektion nicht nur verstanden hat, sondern auch freiwillig mitmacht, an unterschiedlichen Örtlichkeiten. Sicherheit steht hierbei aber an erster Stelle und ist wichtiger als Risikobereitschaft. Wenn ich mit einem Pferd an Freiheitslektionen arbeite, dann bin ich mir immer im Klaren darüber, dass das Pferd mich prüft. Immerhin erwarte ich mitunter recht hohe Leistungen und diese soll es auch noch frei und konzentriert zeigen. Zudem möchte ich, dass eine gute Leistung kein Einzelfall bleibt. Ich mache deutlich, dass ich nicht nur Wiederholungen abrufe, sondern sogar eine Steigerung will.

Die Mitarbeit und die Motivation eines Pferdes sind nicht selbstverständlich. Ich muss etwas dafür tun, um Ergebnisse in der gemeinsamen Arbeit zu erzielen.

Im Grunde könnte man sagen, dass ich mit dem jeweiligen Pferd einen Vertrag mache, damit die Zusammenarbeit klappt. Dieser Deal ist beidseitig und beschränkt sich nicht auf die Leistung des Pferdes alleine. Zu unserer Abmachung gehört, dass ich hinsehe, fair bleibe, indem ich nur das abverlange, was das Pferd auch leisten kann, und gleichzeitig für Sicherheit sorge. Vom Pferd erwarte ich dafür aufmerksame Mitarbeit. Halte ich mich an diesen Handel, wird es auch das Pferd tun. Breche ich mein Versprechen, hat das Pferd keinen Grund mehr, mir Folge zu leisten, weil ich nicht vertrauenswürdig bin.

Man könnte natürlich argumentieren, dass gerade Freiheitslektionen (oder ein noch „schlimmeres" Wort: Zirkuslektionen) absolut gegen die Natur des Pferdes sprechen und damit ohnehin Zeitverschwendung sind, weil sie auf Zwang aufbauen. Aus meiner Sicht ist das Gegenteil der Fall, so lange man sich an Regeln hält: Freiheitslektionen sind solche Übungen, die nur durch Freiwilligkeit zu erreichen sind. (Darum habe ich dieses Kapitel auch bewusst „Freiwilligkeit" genannt.) Wer erzwingt, der macht das Gegenteil und wird erfolglos bleiben. Es ist von außen leicht sichtbar, wenn jemand mit zu viel Druck und physischer oder psychischer Gewalt arbeitet. Der Ausdruck der Pferde zeigt das sehr deutlich; außerdem verweigern sie unter freiwilligen Bedingungen ihre Mitarbeit. Auch gilt es zu berücksichtigen, dass nur solche Übungen verlangt werden, die aus dem **natürlichen Verhaltensrepertoire** eines Pferdes abgeleitet werden.

Ein Pferd kann die bei der Freiheitsarbeit geforderten Bewegungen längst. Es lernt nicht viel Neues, sondern vor allem, dass es bei Kooperation einen Vorteil hat.

Sogenannte „zirzensische Lektionen" missachten keineswegs die Natur des Pferdes, sondern bedienen sich genau dieser. Zudem ist auch das Reiten selbst nicht unbedingt natürlich für ein Pferd, denn sein Rücken ist nicht dafür gemacht, Lasten zu tragen. Ich selbst heiße aber nicht alle artistischen Kunststücke, die mit Pferden gemacht werden, unbedingt für gut oder richtig, aber wer sich ein bisschen mit den Möglichkeiten und Grenzen einiger Lektionen auseinandersetzt, der wird sowohl Sinn als auch Nutzen für sich und sein Pferd daraus ziehen können. Nicht wenige domestizierte Pferde sind sehr einseitigen Bedingungen ausgesetzt. Sie erfahren wenig Abwechslung für Körper und Geist. Dehnen, Strecken und Biegen lockert die Muskeln, stärkt den Bewegungsapparat und bringt Ausgleich und Entspannung. Was in der freien Wildbahn aus dem Augenblick geschieht, das kann unseren Hauspferden angeboten werden, damit sie ausgeglichen bleiben und Anreize bekommen. Freiheitslektionen sind Entlastung, Antrieb und Gymnastizierung zugleich.

Bei den kommenden Lektionen geht es mir vor allem darum, die Anlagen eines Pferdes mit Bedacht in eine gewünschte Richtung zu lenken. Dabei gilt es zu beachten, dass weder Mensch noch Tier immer die gleiche Tagesform oder Leistungskraft haben. Wir sollten also weder mit uns noch mit dem Pferd zu hart in Gericht gehen; unsere Ziele aber auch nicht aus den Augen verlieren.

Im Folgenden möchte ich Übungen vorstellen, die aufeinander aufbauen. Alles, was bislang geschrieben wurde, sollte zudem berücksichtigt werden – besonders die Ausführungen zum Lernen, zur Konsequenz und zum Timing.

Dennoch sind meine Zeilen nicht als „Gebrauchsanweisung" zu verstehen. Die Individualität von Mensch und Pferd entscheidet, wie gut Lektionen gelingen und in wie weit darauf aufgebaut werden kann. Die Freude bei der Arbeit ist wichtig, denn dieser kommt eine enorm hohe Bedeutung zu. Und Spaß behalten wir alle nur, wenn wir im Rahmen unserer natürlichen Gegebenheiten bleiben. Dann aber kann die Freiheitsdressur eine sehr abwechslungsreiche und gymnastische Möglichkeit für sehr viele Pferd-Mensch-Paare sein.

Ich beginne bei der Freiheitsdressur gerne mit dem **Kompliment**, weil dieses, hat das Pferd erst einmal das Hinlegen gelernt, schwerer beizubringen ist.

Pferde lernen das Kompliment häufig recht schnell und leicht.

Grundsätzlich übe ich sowohl das Kompliment als auch alle anderen Lektionen auf beiden Seiten, wobei aus beiden Komplimenten dann das Knien und später das Liegen abgeleitet werden kann. Generell erarbeite ich alle Lektionen zunächst mit Halfter und einem langen Strick. Erst später, wenn das Pferd erwünschtes Verhalten einwandfrei zeigt, lasse ich beides weg. Das ist aber ein Weg, der sich nicht über Nacht erreichen lässt, sondern viel Arbeit und Einfühlungsvermögen erfordert.

Das Kompliment

★ Auf welcher Seite begonnen wird, ist nicht von Belang. Hat das Pferd eine Wohlfühlseite, dann trainiere ich zuerst mit dieser, weil es ihm leichter fällt. Wichtig zu wissen ist, dass ein Pferd, wenn es beispielsweise auf der linken Seite etwas lernt, dies nicht einfach auf die rechte Seite überträgt. Wir müssen tatsächlich beide Seiten gleichermaßen üben. Sollte eine Seite schwieriger sein als die andere, dann hilft nur Geduld.

★ Zu Beginn stelle ich mich hinter die Pferdeschulter mit Blickrichtung zum Pferdekopf. So kann das Pferd mich bei einer möglichen Fluchtreaktion nicht umrennen. Nun möchte ich alle vier Beine durch einfaches Touchieren mit einer Gerte anheben können. Das Pferd soll auf leichte Berührungen reagieren. Vorab kann man auch mit seiner Fußspitze den Kronsaumbereich antippen, bis das Pferd das jeweilige Bein kurz anhebt. Jede Reaktion wird gelobt.

★ Wenn es alle vier Beine auf ein Tippen mit der Gerte hin leicht anhebt, bekommt es eine Pause, damit sich das Gelernte setzen kann.

★ In den kommenden Trainingseinheiten wiederhole ich das Anheben der Füße. Wenn dies gut klappt, dann halte ich das entsprechende Vorderbein, mit dem ich beginnen möchte, etwas länger hoch. Durch Impulsgebung an der Brust (**nicht** am Kopf durch das Halfter, wenn dieses noch verwendet wird) richte ich das Pferd mit gehobenem Bein etwas rückwärts, damit es sein Gewicht nach hinten verlagert. Gleichzeitig kann man das Stimmkommando „Kompliment" geben, bis das Karpalgelenk ganz leicht und kurz den Boden berührt.

★ Wenn das gelingt, dann lasse ich sofort los und lobe mit Stimme und Streicheln. Ich entlasse das Pferd aus der Trainingseinheit, wenn das Beschriebene
ein- oder zweimal funktioniert hat, damit es eine Nacht darüber schlafen kann.
In der Regel zeigt es am Folgetag bereits, was es gelernt hat.

★ In der nächsten Einheit wiederhole ich den Vorgang und baue ihn aus, indem
ich möchte, dass das Pferd nur auf leichtes Touchieren des jeweiligen Röhr-
beinbereichs richtig reagiert. Mein Ziel ist ein Pferd, das auf kurzes Touchieren oder sogar nur auf das Stimmkommando hin das Kompliment zeigt.

★ Hat ein Pferd Schwierigkeiten, das Kompliment zu lernen, dann hilft es nur,
sehr kleinschrittig vorzugehen: Jede Rückwärtstendenz, jede kleine Vorhand-
beugung und jedes kurze Verharren in der Beugehaltung muss extrem gelobt
und bestärkt werden.
In manchen Fällen ist auch die Kommunikation zwischen Mensch und Tier
unklar: Es ist gelegentlich besser, einem Pferd deutlich zu zeigen, worum es
geht, bevor man endlos laboriert. Dazu bringe ich das Pferd einmal bis auf
das Karpalgelenk zum Boden, damit es begreift, was erwartet wird.

★ Viele Pferde bekommen allerdings anfangs ab und zu Angst, weil der Boden
zu fehlen scheint. Dadurch neigen sie dazu, nach vorne zu springen. Ich halte
das jeweilige Bein dennoch weiter in meiner Hand und lasse nicht los, sondern
vermittle dem Pferd so viel Ruhe und Sicherheit wie möglich.

★ Manche Pferde reiben sich zu Beginn beim Niedergehen ihre Nase am ge-
streckten Bein. Das ist nicht schlimm, weil es entweder eine Art Übersprung-
handlung ist, die vorbeigeht, oder darauf abzielt, Jucken im Kopf- und Halsbereich loszuwerden. Ich lasse das zunächst zu. Im Laufe des Trainings hören
sie entweder selbst damit auf oder ich gewöhne es durch leichte Paraden später ab.

★ Es hat sich bewährt, zum Aufstehen ein Kommando zu etablieren, damit das
Pferd nicht selbst entscheidet, wann die Übung beendet ist (z. B. „Auf" oder
„Hoch").

★ Um die beiden Lektionen Kompliment und Knien nicht miteinander zu ver-
mischen, sollte das Kompliment, wenn es auf beiden Seiten gelingt, immer
wieder mal abgerufen werden, damit der Unterschied zwischen beiden Übungen bestehen bleibt.

Das **Knien** ist ein natürlicher Bewegungsablauf, den Pferde sowohl bei Rangord-
nungskämpfen als auch als Zwischenschritt des Wälzens oder Hinlegens zeigen. In-
sofern fordern wir nichts Neues von einem Pferd, sondern rufen nur Bekanntes gezielt ab.

Das Wort „Knien" ist strenggenommen übrigens nicht ganz korrekt. Vielmehr geht
das Pferd auf die Karpalgelenke hinunter. Um das zu erreichen, sollte das Kompliment auf beiden Seiten sehr gut klappen, sprich das Pferd beugt zuverlässig durch
Touchieren oder Stimmkommando die entsprechende Vorhand, bis das Karpalgelenk Bodenkontakt hat.

Das Knien

★ Beim Knien sollten gleichzeitig beide Karpalgelenke den Boden berühren.
   Das ist eine deutliche Steigerung der Schwierigkeit. Manche Tiere bevorzugen
   es, beide Beine gleichzeitig zu beugen und andere gehen erst ins Kompliment
   und ziehen dann das zweite Bein nach. Ich überlasse das Vorgehen dem Pferd,
   denn das Ergebnis ist ohnehin dasselbe. Dazu beobachte ich, was es anbietet.
   Idealerweise lehnt das Pferd zunächst leicht sein Gewicht nach hinten, beugt
   nun beide Vorderbeine gleichzeitig und geht dann auf die Karpalgelenke nie-
   der. Beim Knien sollte das Pferd gerade nach vorne blicken.

★ Das Knien entwickelt man am besten aus dem Kompliment heraus, indem das gestreckte Bein touchiert wird. Dem Pferd muss deutlich gemacht werden, dass es sich um eine andere Lektion handelt. Das kann man durch das Stimmkommando „Knien" und entsprechendes Touchieren mit der Gerte veranschaulichen. Da das Pferd nicht mehr rückwärtsgerichtet werden muss, braucht man nicht mehr hinter der Pferdeschulter stehen, sondern besser seitlich neben dem Pferd. Dies erleichtert auch das Bedienen der Gerte.

★ Alternativ kann das Knien ohne vorausgehendes Kompliment erarbeitet werden. Ist das Pferd aufmerksam bei der Sache, dann kann ihm durch das Touchieren beider Vorderbeine bzw. Röhrbeine gezeigt werden, was man von ihm möchte. Das wird es natürlich nicht direkt begreifen, aber es ist wichtig, nun dranzubleiben.

★ Egal, welche Vorgehensweise gewählt wird: Es ist wichtig, konsequent zu bleiben und nur mit leichtem Druck zu arbeiten. Tatsache ist, dass Pferde alle knien können – vorausgesetzt sie sind gesund. Die Frage ist nur, ob sie es auch zeigen möchten.

★ Wie bei allen Übungen spielen Lob und korrektes Timing eine entscheidende Rolle, ob das gewünschte Verhalten erzielt werden kann. Auch eine Pause ist extrem wichtig, damit das Pferd verarbeiten kann. Genau wie beim Kompliment sollte man auch beim Knien ein Kommando zum Aufstehen trainieren.

★ Ich wiederhole das Knien nicht allzu oft, weil Pferde dann schnell sauer werden. Hat ein Pferd verstanden, was es machen soll, dann rufe ich die Lektion zwar immer mal wieder zur Verfestigung ab, übertreibe es aber nicht.

Grundsätzlich sollten **Kommandos und Hilfen** so eindeutig wie möglich sein, damit ein Pferd auch die Chance hat, die unterschiedlichen Lektionen auseinanderhalten zu können. Wahlloses Hin- und Herspringen zwischen den Übungen sollte vermieden werden. Getrennte Wiederholungen sind wichtig, damit das Pferd weiß, was es machen soll und nicht die Motivation verliert oder Dinge vorwegnimmt, die wir noch gar nicht abgefragt haben.

Lektionen müssen vom Pferd also immer separat aufgefasst werden.

Insbesondere das Liegen ist eine sehr spezielle und manchmal auch herausfordernde Aufgabe. Obwohl das Hinlegen eine ganz natürliche Bewegung ist, ist es auf Kommando für manche Pferde gar nicht so leicht. Da eine Flucht aus der Liegeposition nur zeitverzögert möglich ist, bringt ein liegendes Pferd dem Menschen viel Vertrauen entgegen. Daher ist diese Lektion ein recht großer Schritt für ein Pferd, den es nur macht, wenn es sich beim Menschen sicher fühlt.

Es ist allerdings ein Unterschied, ob ein Pferd sich aufrecht oder flach hinlegt. Eines, das aufrecht liegt, möchte immer noch etwas Kontrolle haben. Es fühlt sich noch nicht richtig sicher. Auch in der Natur übernimmt mindestens ein Herdenmitglied die Wächterrolle, damit die anderen sich entspannen können.

Es gibt allerdings auch tatsächlich Pferde, die mit recht viel Vertrauen gesegnet sind und sich direkt flach hinschmeißen. Unabhängig davon, dass das nicht besonders harmonisch aussieht, ist es sehr schwierig, diesen Exemplaren das aufrechte Liegen beizubringen. Auch wird es dann später für den Reiter kompliziert, wenn das Pferd sich einfach hinwirft. <u>Daher:</u>

Ein geordneter Bewegungsablauf ist beim Liegen wünschenswert.

Das Liegen

★ Es gibt ganz unterschiedliche Wege, einem Pferd das Liegen beizubringen. Um es weder zu schnell hinzulegen noch aus dem Wälzen wieder hochtreiben zu müssen, macht es Sinn, das Liegen schrittweise aus dem Kompliment bzw. dem Knien zu erarbeiten. Jedes korrekte Bewegungselement wird sofort gelobt.
Vorab kann man beobachten, auf welcher Seite ein Pferd gerne liegt. Es macht erfahrungsgemäß Sinn, mit dieser auch im Training zu beginnen.

★ Mithilfe einer Gerte bringen wir das Pferd wie beschrieben aus dem Kompliment ins Knien. Mit sanftem, aber deutlichem Druck, und zwar durch Paraden am Kopf, wird es zum Liegen animiert. Dazu wird der Pferdekopf nun vorsichtig zu der des Menschen abgewandten Seite geführt. Das Pferd legt sich nun mit dem Rücken zur Seite des Menschen ab.

★ Ist das aufrechte Liegen erreicht, wird viel gelobt. Erst wenn dieses mehrfach und unkompliziert geklappt hat, kann man den Kopf des Pferdes langsam weglenken, sodass es ihn ablegt und sich in die Seitenlage kippen lässt.
Ein Pferd sollte immer mit seinem Rücken zum Menschen liegen, weil Fluchtbewegungen nie ausgeschlossen werden können. Ein Sicherheitsabstand zu den Hufen ist also wichtig für die eigene Sicherheit.

★ In der liegenden Position sollte man das Pferd loben und streicheln.

★ Wenn Pferde von alleine aus der liegenden Position aufspringen, dann fühlen sie sich wahrscheinlich nicht sicher und möchten selbst für Schutz sorgen – ein Anlass einige Schritte im Training zurückzugehen und Vertrauensübungen zu machen.
Bevor ein Pferd selbst entscheidet, wann eine Lektion beendet wird, ist es auch hier besser, ein Kommando zum Aufstehen zu etablieren und selbst als Aufforderung einen Schritt nach vorne zu machen.

★ Das Aufstehen aus dem Liegen ist anstrengend für ein Pferd. Wir sollten die Übung zwar wiederholen, um sie zu festigen, aber nicht mehrfach täglich abrufen.

Während das Liegen ein **defensives Verhalten** ist, gibt es auch sogenannte **offensive Verhaltensweisen**. Dazu zählt neben dem spanischen Schritt auch das Steigen. Entsprechende Bewegungsmuster kann man bei Pferden beobachten, die sich um die Rangfolge streiten.

Imponier- bzw. Drohgebärden sollen die Hierarchie klären.

Daher macht es Sinn, mit den „Defensivübungen" wie dem Kompliment, dem Knien und dem Liegen zu beginnen, damit bei späteren Konflikten mit dem Pferd, die immer entstehen können, auf diese zurückgegriffen werden kann, um klarzustellen, wer die Autorität ist. Es wird deutlich aus meinen Zeilen, dass die „Offensivlektionen" Probleme bereiten können. So kann ein steigendes Pferd beginnen, sich gegenüber dem Menschen plötzlich behaupten zu wollen. Wir müssen uns klarmachen, dass, wenn wir Bewegungsmuster, die ihren Ursprung in dominanten Verhaltensweisen haben, trainieren, das eine oder andere Pferd es auf einen Machtkampf ankommen lassen kann. Genau das wäre natürlich das Gegenteil von dem, was wir erreichen wollen. Demnach ist bei folgenden Lektionen dies wirklich sehr wichtig:

Die Rangfolge muss geklärt sein, bevor man „hoch hinaus" will.

Darum empfehle ich zunächst aus Sicherheitsgründen bei den folgenden Lektionen am Anfang einen Helm zu tragen und stark darauf zu achten, dass man weit genug von den Hufen entfernt ist und nicht getroffen werden kann.

Sollte es doch mal zu aggressiven Verhaltensweisen kommen, dann setze ich immer sofort eine „Defensivübung" ein. Dazu eignet sich das Rückwärtsrichten (→ siehe ausführlicher ab Seite 70) sehr gut. Ich möchte kein übermütiges Pferd, das den Eindruck hat, es sei mir überlegen und kann mich bewegen. Bestrafungen sind aber auch hier fehl am Platz – immerhin wollen wir ja Mitarbeit und keinen Kampf provozieren. Es geht nur darum, einem aufmüpfigen Pferd zu zeigen, wo die Grenzen sind.

Der **spanische Schritt** leitet sich vom Imponiergehabe zwischen Hengsten ab, die sich gegenseitig zu beeindrucken versuchen. Aber auch Stuten und Wallachen zeigen solche Drohgebärden. Beim spanischen Schritt hebt das Pferd seine Vorderbeine über den einfachen Schritt hinaus, und zwar bis in die Waagerechte. Kopf und Hals bleiben dabei aufgerichtet, wobei das Pferd sich vorwärtsbewegt und abwechselnd die Beine hebt. Beim sogenannten **spanischen Gruß** bleibt das Pferd stehen und hebt nur ein Vorderbein.

Aufgrund der Tatsache, dass sich beide Varianten von Imponier- und Drohverhaltensweisen ableiten, muss man immer mit einer Grundaufgeregtheit des Pferdes rechnen. Das liegt in der Natur der Sache. Da wir die Lektionen aber kontrolliert und unter unseren Bedingungen abrufen wollen, sollte man für eine entspannte Atmosphäre sorgen, damit die Situation nicht eskaliert und man sich selbst nicht gefährdet.

Der spanische Schritt / spanische Gruß

★ Der spanische Schritt ist wegen der Vorwärtsbewegung leichter zu erlernen. Daher sollte man auch mit diesem beginnen. Am besten steht man seitlich neben dem Pferd und nutzt zu Beginn eine Bandenbegrenzung auf der anderen Seite. Auf diese Weise kann man vom Pferd nicht umgerannt oder getreten werden.

★ Ich erarbeite diese Lektion aus einem versammelten Schritt heraus. Ich möchte, dass das Pferd sehr fleißig vorwärtsgeht und touchiere währenddessen die Vorderbeine. Jeder kleine Ansatz wird sofort gelobt. Zudem kann man sich zu seiner vollen Größe aufbauen, um zu imponieren. Mit der Zeit achte ich darauf, dass das Pferd nicht einfach nur seine Beine nach vorne schmeißt, sondern dass die Bewegung aus der Schulter kommt.

★ ACHTUNG: Es ist wirklich sehr wichtig, sich außerhalb der Trittreichweite des Pferdes zu befinden, denn Pferde können auch ihre Hinterbeine einsetzen, um das „lästige Jucken" loszuwerden.

★ Tatsächlich ist es leichter, einem Pferd das Anheben der Beine beizubringen als das für diese Lektion notwendige taktreine Treten der Hinterhand. Daher ist es sinnvoll, damit die Lektion wirklich funktioniert, in Intervallen zu arbeiten. Dazu kann zunächst bei jedem vierten Schritt das rechte Bein gehoben werden. Dann wird das Gleiche mit dem linken Vorderbein trainiert. Im Moment des Abfußens setzt man den Reiz.

★ Klappt das flüssig auf beiden Seiten, kann die Schwierigkeit erhöht werden: Nun wird in einem ungeraden Takt gewechselt, sodass nach jedem dritten Schritt mal das linke und mal das rechte Bein gehoben wird. Auf diese Weise schulen die Tiere ihre Hinterhand, denn der spanische Schritt ist kein normaler Schritt, sondern erfordert den diagonalen Wechsel der Fußtritte (links vorne – rechts hinten; rechts vorne – links hinten usw. – quasi ein starker Trab im „Schneckentempo").

★ Es kann einige Zeit in Anspruch nehmen, bis der spanische Schritt wie gewünscht umgesetzt wird, sprich die Vorderbeinhebung bei jedem Schritt funktioniert. Geduld und konsequentes Trainieren sind also entscheidend für den Erfolg. Aus einigen Tritten können dann nach und nach längere Strecken werden.

★ Wenn der spanische Schritt gut klappt und das Pferd verstanden hat, dass es vorwärtsgehen soll, dann kann der **spanische Gruß** trainiert werden. Dazu steht das Pferd auf drei Beinen und hebt entweder den linken oder den rechten Vorderfuß. Zwar ist diese Lektion im Grunde einfacher als der spanische Schritt, aber trainiert man diesen zuerst, wird es später komplizierter, die Vorwärtsbewegung zu etablieren. Daher mache ich den Gruß erst, wenn der spanische Schritt bereits abrufbar ist.

Hier gehe ich genauso vor: Ich animiere das Pferd durch Kitzeln hinter dem Ellenbogen dazu, ein Bein zu heben und lobe es sofort, wenn es dies in Ansätzen zeigt. Nun werden Intensität und Länge des Hebens ausgebaut.

Es kann hilfreich sein, mit einem Podest zu arbeiten. Da hier der Untergrund fehlt, kann das Pferd besser lernen, dass es ein Bein im Stand hochhalten soll.

Neben dem spanischen Schritt und dem spanischen Gruß zählt auch das **Steigen** zu den offensiven Bewegungsmustern. Ich möchte das an dieser Stelle nochmal ganz bewusst erwähnen, weil ich nicht der Überzeugung bin, dass Verhaltensweisen, die in der Natur zu den Drohgebärden gehören, für jedes Pferd-Mensch-Paar geeignet sind. Zwar erlebe ich in meinen Kursen immer wieder Leute, deren Pferde das Steigen bereits „können", dies aber häufig nur durch einen „unglücklichen Zufall". Ist das Steigen beispielsweise aus einer Aggression heraus entstanden oder, weil das Pferd sich widersetzt hat und man es fälschlicherweise oder unbemerkt darin bestärkte, dann ist es weder kontrolliert abrufbar noch sinnvoll. So sollte Lernen nicht stattfinden – schon gar nicht, wenn es sich um ein 600 Kilogramm schweres Tier handelt, das glaubt, sich durch Steigen durchsetzen zu können.

Ein Pferd sollte lernen, aus dem Verstehen heraus kontrolliert zu steigen, und zwar auf Kommando und völlig ohne Angriffslust.

Wenn ein Pferd im spanischen Schritt die Fähigkeit erworben hat, die Vorderbeine abwechselnd zu heben, dann kann darauf aufgebaut werden, indem es beim Steigen lernt, beide Vorderbeine zugleich vom Boden zu lösen. Diese Reihenfolge ist sicherlich der sinnvollste Trainingsweg. Dennoch ist der spanische Schritt aus meiner Sicht nicht immer eine zwingende Voraussetzung, obwohl er das Pferd optimal vorbereitet.

Einige Menschen haben Angst vor dem Steigen – das ist völlig unnötig, wenn die Lektion gut vorbereitet ist und man sich an einige Regeln hält. Entscheidend ist, ein Pferd nicht ständig steigen zu lassen, denn dadurch gib man ihm schnell das Gefühl „erhaben" zu sein. Das sollte man unbedingt vermeiden. Auf der anderen Seite kann gerade das kontrollierte Steigen als ein Erziehungsprogramm für aggressive Steiger eingesetzt werden, indem man sie so lange bewusst steigen lässt, bis es den Reiz verliert und sie bemerken, dass sie den Menschen nicht beeindrucken können. Gerade für diese Variante ist ein erfahrener Trainer aber eine zwingende Voraussetzung, um dieses Vorhaben professionell umsetzen zu können.

Das korrekte Steigen zu erlernen, kann viel Zeit in Anspruch nehmen. Das Lernverhalten der Pferde ist unterschiedlich, allerdings haben dies alle gemeinsam:

In der Freiheit steigen Pferde oft eindrucksvoll, aber das ist dem Kräftemessen geschuldet. Das kontrollierte Steigen steht auf einem völlig anderen Papier.

In die Höhe zu kommen, das lernen die meisten Pferde sehr schnell. Längerer Zweibeinstand ist dagegen eine Frage der Balance und der Muskulatur – beides muss zunächst trainiert und ausgebaut werden.

Diese Punkte sind mir vorab wichtig zusammenzufassen, damit keine Missverständnisse entstehen:

1) Sicherheit geht bei dieser Lektion vor. Zu Beginn sollte ein Reithelm getragen werden, um sich zu schützen.

2) Das Steigen ist keine einfache Lektion, die zudem zum Ausbildungsstand des jeweiligen Pferdes passen muss. Daher sollte ein erfahrener Trainer/Ausbilder als Unterstützung zurate gezogen werden.

3) Weigerungen vonseiten des Pferdes haben ganz sicher ihre Gründe. Ein Gesundheitscheck kann hier ggf. vonnöten sein, um mögliche Erkrankungen auszuschließen.

4) Das Laufen auf der Hinterhand während dem Steigen ist ein „Extra", das ein Pferd entweder von sich aus anbietet oder nicht. Provozieren sollte man es nie! Bei viel Erfahrung kann man das Laufen im Zweibeinstand unterstützen, sollte sich aber klarmachen, dass es auch ein Angriff sein kann. Es gilt also zwischen einem Pferd, das seinem Menschen vertrauensvoll folgt, und einem, das einen Dominanzanspruch erhebt, sorgfältig zu unterscheiden.

5) Reagiert ein Pferd beim Steigen aggressiv, dann sollte man sofort, und zwar ohne Ausnahme, Defensivübungen (z. B. Rückwärtsrichten, Kompliment, Knien) machen, um das Pferd wieder „runterzukriegen".

6) Ich halte nichts davon, Pferde auszubinden, während man ihnen das Steigen beibringt. Das macht mehr Probleme als es hilft. Zu eng ausgebundene Pferde können sich überschlagen, was ein großes Verletzungsrisiko birgt. Ausbindezügel sind aus meiner Sicht nur etwas für ausgebildete Showpferde. Ich binde beim Training nicht aus, weil Pferde ihren Hals brauchen, um ihre Balance zu finden.

Das Steigen

★ Den Weg nach oben zeigt man dem Pferd durch eine erhobene Gerte an. Ein Stimmbefehl (z. B. „Hoch") kann hilfreich sein. Der Sicherheitsabstand zu den Vorderhufen sollte unbedingt eingehalten werden, denn viele Pferde sind das Steigen auf Kommando nicht gewohnt und machen deshalb Schlenker, um ihr Gewicht auszugleichen. Auf diese sollte man gefasst sein. Gerne hat man Bilder von Pferden im Kopf, die ohne Probleme auf ein leichtes Signal hin kerzengerade steigen – der Weg dahin kann aber steinig und langatmig sein.

★ Vorteilhaft ist es, wenn das Pferd bereits den spanischen Schritt beherrscht. Dadurch ist es konzentrierter bei der Sache und bemerkt schneller, dass etwas Neues erlernt wird.

★ Ich selbst erarbeite das Steigen meist aus der flüssigen Bewegung. Dazu mache ich aus dem Spiel heraus laufend und gemeinsam mit dem Pferd viele Stopps und schnelle Übergänge, die die Hinterhand des Pferdes aktivieren. Entweder ist das Pferd dabei völlig frei oder ich halte es ganz locker am Strick.

★ Zu Beginn zeige ich den Weg ggf. mit einer oder sogar zwei Gerten nach oben. Auch meinen Körper baue ich auf. Jeden Ansatz des Pferdes, sein Gewicht nach oben zu verlagern lobe ich ausführlich.

Dieses Vorgehen hat sich besonders für träge Pferde bewährt, weil sie auf diese Weise viel mehr Freude bei der Arbeit haben und motivierter sind, als wenn man das Steigen aus dem Stand heraus erarbeitet, einfach nur die Vorderbeine touchiert werden und man wartet, was passiert – so kann man Pferde auch sauer machen, was besonders beim Steigen eine schlechte Idee ist.

★ Wichtig ist, dass gerade das Steigen **nicht** mit Leckerchen verstärkt wird. Was bei einem kleinen Shetty, das man schon lange kennt und einschätzen kann, vielleicht noch funktioniert, kann bei einem Großpferd, das lernt, sich über den Menschen zu stellen, katastrophal enden.

★ Um das Steigen vom Sattel aus abrufen zu können, braucht man eine wirklich vertrauensvolle Beziehung zwischen Reiter und Pferd. Zudem sollte der Reiter recht sattelfest sein.

Alle Freiarbeitslektionen, die in diesem Kapitel vorgestellt wurden, sind unter dem Sattel möglich und abrufbar. Dazu sollten sie aber einwandfrei am Boden funktionieren. Hier machen sich dann die vorab etablierten Stimmkommandos bezahlt. Eine längere Dressurgerte kann zudem gute Dienste leisten, indem mit dieser an exakt den Stellen touchiert wird, wie vorher auch vom Boden aus.

Zunächst aber wollen wir uns mit den Grundlagen befassen, um durch Balance und Losgelassenheit Harmonie zwischen Reiter und Pferd entstehen zu lassen

Wir sollten so reiten, dass unser Pferd freiwillig dazu bereit ist, das zu tun, wonach wir es fragen.

Reiten

Wie durch Balance und
Losgelassenheit Harmonie entsteht

Verantwortungsbewusstsein ist für mich ein entscheidendes Wort beim Reiten. Wer ein guter und verlässlicher Reiter für sein Pferd sein möchte, der sollte sich so viele theoretische und praktische Kenntnisse wie möglich aneignen. Aus meiner persönlichen Sicht ist eins völlig klar, wenn es um den Umgang mit einem Pferd und auch um das Reiten geht:

Man hat nie ausgelernt, sondern entwickelt sich immer weiter – ganz egal, welches Alter oder welche Reitklasse man erreicht hat.

Ein gut ausgebildetes und gerittenes Pferd, auf dessen Gesundheitszustand geachtet wird, reagiert fein und willig auf die reiterliche Einwirkung. In der Praxis sehe ich häufig zwei **Missstände**, die immer wieder auffallen:

1) Reiter, die die Grundlagen nicht beherrschen, weil sie zu schnell zu hoch hinauswollten. Von Harmonie kann dann keine Rede sein, da die Basics fehlen und genau das strahlt das Pferd aus, denn es versteht seinen Reiter oft nicht. Durch etliche Hilfsmittel versucht man dann dieses Ungleichgewicht in den Griff zu bekommen, weil die Kommunikation irgendwie nicht funktionieren will.

2) Hörig gemachte Pferde, die hilflos erscheinen, weil das Reiten mehr Kampf als Losgelassenheit ist. Jede Gegenwehr des Pferdes wird im Keim erstickt, da man nicht gelernt hat, zuzuhören. Pferde, die sich wehren oder aufgeben, haben Gründe für ihr Verhalten. Diese liegen nicht in ihrer Natur oder in ihrem Charakter begründet, sondern in einer Behandlung, die ihnen nicht guttut.

Natürlich hat ein Reiter ausreichend Macht, um vom Sattel aus Zwang auszuüben. Das mag auch eine Zeit lang gutgehen; die Frage muss aber doch lauten: Ist das wirklich nötig? Welchen Sinn macht das Reiten, wenn das Pferd an einer Zusammenarbeit nicht mehr interessiert ist? Für mich keinen! Sicherlich arbeiten wir auch vom Sattel aus mit Druck, um uns unserem Pferd verständlich zu machen, aber was bei der Bodenarbeit gilt, das hat auch seine Berechtigung beim Reiten:

Wie soll durch Gewalt und Bestrafung eine harmonische Einheit zwischen Mensch und Tier entstehen?

Nach meiner Auffassung bedeutet Partnerschaft, dass wir ein Pferd ganzheitlich wahrnehmen. Nur so kann es seine natürliche Anmut, sein ursprüngliches Wesen und seine instinktiven Verhaltensweisen behalten.

Pferde wollen und sollen Pferde bleiben – auch, wenn wir sie reiten. Oder vielleicht gerade dann, weil wir es ihnen schuldig sind.

Das Reiten spricht sicherlich gegen die Natur des Pferdes, aber man kann sehr wohl Sorge dafür tragen, dass es dennoch gesund bleibt und darüber hinaus sogar Freude bei der Arbeit hat. Pferde möchten nämlich – vorausgesetzt sie werden fair behandelt und geritten – Leistung zeigen und mitarbeiten. Ich habe etliche Pferde gesehen, die sich hochmotiviert zeigen, sich steigern und konzentriert bei der Sache sind. Dabei ist zunächst unerheblich, wie athletisch oder sportlich ein Pferd ist. Es geht vielmehr darum, genau an dem Punkt anzusetzen, wo es steht.

Im Zusammensein mit Pferden geht es immer darum, genau das auszubauen, was vorhanden ist. Auch Pferde haben ihre Grenzen – genau wie wir – und sie können nur in dem Tempo lernen und sich weiterentwickeln, wie es ihre Individualität zulässt.

Es geht nicht darum, mit allen Mitteln der Beste sein zu müssen,

sondern die vorhandenen Mittel einzusetzen,

um das Beste zu machen.

Angemessenheit

Reiten zu lernen, ist eine Fleißaufgabe und geschieht nicht mal eben nebenbei. Es verlangt Zeit, Begeisterung, Energie, Gleichgewichtsschulung, Frustrationstoleranz und Einfühlungsvermögen. Mit Druck und Zwang erreicht man hingegen wenig. Zeigt ein Pferd unter seinem Reiter Probleme, dann hat es sicherlich Gründe dafür. Ein fairer und gerechter Reiter geht diesen auf den Grund und macht nicht das Pferd verantwortlich, sondern sucht gewissenhaft nach Lösungen. Was sich theoretische so leicht liest, ist praktisch oft nicht so einfach, weil die Gründe so vielfältig sein können. Nach meiner Erfahrung ist eine **Überprüfung** aller gesundheitlichen und haltungsbedingten Aspekte das einzig Richtige. Ein Pferd, dem der Sattel nicht passt und schmerzt oder eines, dem das Gebiss im Maul wehtut, hat jedes Recht, sich zu wehren. Gleiches gilt für ein Boxenpferd: Hat es nicht genügend freie Bewegung und Sozialkontakt, darf es darauf aufmerksam machen. Entscheidend ist, dass man für sich und sein anvertrautes Pferd Wege findet, es so zu reiten, dass es weder einen seelischen noch einen körperlichen Schaden nimmt.

Pferde teilen uns ihren physischen und psychischen Zustand immer mit. Gestik, Mimik und Bewegungen geben uns Aufschluss und sollten stets beachtet werden.

*Wir sollten so reiten, dass unser Pferd freiwillig dazu
bereit ist, das zu tun, wonach wir es fragen.*

Gerechtes Reiten beginnt also bei einer einwandfreien **Kommunikation** und eindeutigen Hilfen.

Voraussetzungen für angemessenes Reiten

★ **Nachgiebigkeit**

Wie auch am Boden brauchen wir ebenfalls beim Reiten Nachgiebigkeit. Alles andere endet in einer Qual. Ein Pferd muss im Rahmen seiner Ausbildung das Nachgeben auch unter dem Reiter gelernt haben und zuverlässig zeigen. Auf Körperdruck vonseiten des Reiters reagiert es stets weich und biegsam.

★ **Impulsgebung**

Jede Hilfengebung vonseiten des Reiters, die auf Pferdemaul und -körper einwirkt, sollte angemessen, präzise, situationsangepasst und regelmäßig sein.

★ **Konzentration**

Wir sollten immer die Aufmerksamkeit unseres Pferdes einfordern können. Halbherzigkeit ist hier fehl am Platz.

★ **Leistungsgrenze**

Überforderung, Unterforderung, Schmerzen und Verspannungen müssen vermieden werden. Als Reiter haben wir die Verantwortung für das Pferd und sollten achtsam sein.

★ **Ausbildungsstand**

Das aktuelle Können des Pferdes und dessen Voraussetzungen bestimmen die Vorgehensweise und nichts anderes.

★ **Ausrüstung**

Das Equipment, das wir verwenden, sollte das Pferd weder stören noch verunsichern oder so einschränken, dass seine Leistung leidet – nur damit wir uns sicherer fühlen.

Erst wenn diese Punkte Beachtung finden, und zwar ausnahmslos, können wir so reiten, dass wir einem Pferd keinen Schaden zufügen und gemeinsam mit ihm wachsen können. Das Wort „gemeinsam" ist hier für mich entscheidend, denn die eigene **Reflexions- und Wahrnehmungsfähigkeit** ist wirklich sehr wichtig. Wer nur Ansprüche an sein Pferd stellt, der muss sich nicht wundern, dass es nicht kooperiert.

Wir sollten auch uns selbst in den Blick nehmen, um die Angemessenheit nicht aus den Augen zu verlieren.

Folgende Fragen, die wir uns selbst immer wieder stellen können, helfen nach meiner Erfahrung dabei, sich selbst zu überprüfen:

1) Um eine bestimmte Lektion einwandfrei umsetzen zu können, brauche ich die richtige Hilfengebung. Kenne ich diese? Kann ich sie meinem Pferd so vermitteln, dass es sie versteht?

2) Bin ich selbst im Gleichgewicht, und zwar körperlich, seelisch und mental? Habe ich ausreichend Ruhe, Gelassenheit und Balance?

3) Wie ist es bestellt um mein Gefühl für Timing und Takt? Habe ich noch Defizite?

4) Sitze ich losgelassen und unabhängig im Sattel oder brauche ich hier noch Hilfe?

5) Bin ich ausreichend mit der Biomechanik eines Pferdes vertraut, um tatsächlich selbst beurteilen zu können, ob es sich gesund unter mir bewegt?

6) Kann mein Pferd meinen Leistungsansprüchen – ganz nüchtern betrachtet – gerecht werden? Und andersherum: Reite ich gut genug für den Ausbildungsstand meines Pferdes?

Reiten ist für mich der Dialog mit einem Pferd. Es geht darum, das Pferd besser zu verstehen und uns ihm begreiflich zu machen. Es ist ein Miteinander, das durch das Fühlen und weniger durch das Denken eine Verbindung herstellt.

Verbindung

Um eine Beziehung, eine Verbindung bzw. eine harmonische Einheit mit dem Pferd zu werden, spielt die **Losgelassenheit** eine der wichtigsten Rollen – und dies auf mehreren Ebenen:

Losgelassenheit zulassen

★ **Lösen**

Nicht nur das Pferd sollten wir lösen, sondern auch uns selbst. Das gilt besonders für alte Muster, die uns nicht weiterbringen. Wenn etwas nicht funktioniert, dann suche ich nach neuen Wegen und trenne mich von alten Überzeugungen.

★ **Entspannung**

Anspannung erzeugt Blockaden – körperliche und mentale. Entspannung überträgt sich aufs Pferd und ist die bessere Alternative.

★ **Unabhängigkeit**

Sowohl unsere Hände und Arme als auch unsere Beine sollten wir unabhängig voneinander, flexibel und locker bewegen bzw. platzieren können. Wer sich am Zügel festhält oder sich ans Pferd klammern muss, um sich sicher zu fühlen, der hat noch keine Unabhängigkeit erreicht und kann einem Pferd unmöglich Sicherheit vermitteln.

★ *Timing*

Genau wie am Boden muss auch beim Reiten jede erwünschte Reaktion auf eine Hilfe unmittelbar belohnt werden. Da wir vom Sattel aus mit Druck arbeiten, um uns unserem Pferd verständlich zu machen, sind insbesondere das Nachgeben gepaart mit Stimmlob und eine kurze Pause die Mittel der Wahl.

Es wird deutlich, dass die Losgelassenheit eine Voraussetzung dafür ist, dass ein Pferd geforderte Übungen korrekt umsetzt. Über Körpersignale müssen wir uns einem Pferd verständlich machen – nur so kann es begreifen, was es machen soll. Ständige Druckeinwirkung ist aber fatal und führt irgendwann (und manchmal auch sehr schnell) zur Verweigerung, weil ein Pferd so gar nicht verstehen kann, wann es etwas richtig macht und wann nicht. Kraft und Gewalt können keinen nachhaltigen Effekt haben, sondern verhindern jede Kommunikation. Ständiges Treiben und dauerndes Gezerre führen bei Pferden zu starken Frustrationen. Dieses Prinzip dagegen verstehen sie viel besser:

Die Signale an ein Pferd sollten sich durch Annehmen – Nachgeben und Anspannung – Entspannung auszeichnen.

Das **Reiten mit Impulsen** ist um Längen effektiver und fairer als Dauerdruck, den ein Pferd schlussendlich „sauer" oder hilflos macht. Nur genaue und dosierte Impulse sorgen für eine Verbindung, durch die der Reiter sein Pferd in dessen Tempo, Bewegungsrichtung und Haltung beeinflussen kann. Durch Druckimpulse und Signalkontakte wirkt der Reiter gezielt auf sein Pferd ein und hält es zum Nachgeben und Weichen an. Anhand der Signale, die wir als Reiter unserem Pferd an dessen unterschiedlichen Körperbereichen geben, vermitteln wir ihm, was wir von ihm möchten. Als Reiter bilden wir den Rahmen, in den sich das Pferd durch seine Haltung anpasst. Dabei sollten wir ihm aber eine Hilfe sein und nicht im Weg stehen, indem wir es blockieren. Ein Pferd, das auf minimale Signale reagiert, ist das Ziel eines jeden Reiters. Dazu müssen wir allerdings die Teilbereiche des Pferdekörpers gleichmäßig ausrichten. Anders kann es nicht im Gleichgewicht bleiben und auch nicht seine Hinterhand, die allzu häufig ignoriert wird, obwohl sie der Motor des Pferdes ist, aus der die Schub- und Tragkraft kommt, einsetzen. Die Balance hat also beim Reiten eine wichtige Bedeutung.

Gleichgewicht

Pferde benötigen in vielerlei Hinsicht Gleichgewicht, um sich wohlzufühlen. Unausgeglichenheit beim Menschen überträgt sich direkt auf das Pferd – sowohl bei der Bodenarbeit als auch beim Reiten. Sind wir angespannt, dann ist es auch das Pferd. Sitzen wir schief und überanstrengt im Sattel, gerät auch das Pferd aus der Balance.

Als Flucht- und Beutetiere sind Pferde

immer auf ihr Gleichgewicht angewiesen.

Gerät ein Pferd aus seiner Balance, dann melden die Instinkte starken Stress. Wollen wir harmonisch mit dem Partner Pferd umgehen, dann sollten wir uns der Notwendigkeit des Gleichgewichts immer bewusst sein. Vor allem in ungewohnten Situationen sind Pferde auf ihren Gleichgewichtssinn enorm angewiesen. Wir sollten uns klarmachen, dass wir unser Pferd in seiner Balance sowohl unterstützen als auch stark blockieren können.

Pferde versuchen zu jeder Zeit instinktiv ihr Gleichgewicht wieder herzustellen. Sie sind schnell aus der Balance gebracht. Daher sollten wir ihnen stets ermöglichen, ihr Gleichgewicht zu suchen und zu finden. Nur dadurch bleiben sie gesund.

Reiter sollten ständig an der Weiterentwicklung und der Unabhängigkeit ihres Sitzes arbeiten, um noch mehr ins Gleichgewicht zu kommen. Das Pferd wird es danken.

Die Arbeit an einem **harmonischen Sitz** kann allerdings schnell in den Hintergrund geraten, wenn man sehr hohe Leistungsansprüche an sich selbst und das Pferd stellt. Achtet der Reiter nicht in erster Linie auf seine Balance, dann stört er die des Pferdes auf lange Sicht – und das rächt sich irgendwann.

Man kann überall, wenn man die Augen ein wenig aufmacht, Pferde sehen, die völlig taktlos oder schief laufen, komisch wackeln und schwanken. Das ist völlig gegen die Natur eines Pferdes. Kein Pferd der Welt würde sich freiwillig so bewegen, denn es würde sich selbst einen erheblichen Schaden zufügen.

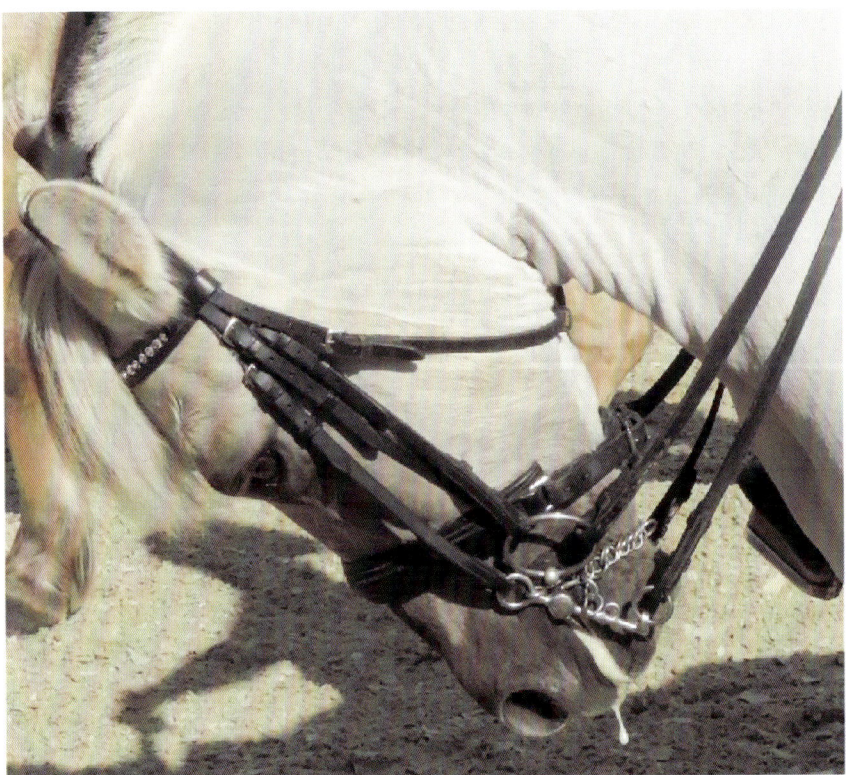

Insbesondere das Reiten in der sog. Rollkur (oder Hyperflexion), bei der der Pferdekopf in Richtung Pferdebrust gezogen wird, ist enorm schädlich und zerstört sowohl das körperliche als auch das seelische Gleichgewicht.

Die Hilfengebung eines Reiters sollte sich, und zwar reitweisenunabhängig, an der Willigkeit und dem Gleichgewichtssinn des Pferdes orientieren.

Pferde teilen sich uns immer mit. Zeigen sie Abneigung, Unwilligkeit oder Missmut, dann sollten wir das nicht ignorieren, sondern hinterfragen. Pferde haben Gründe für ihr Verhalten – immer!

Aus der Balance geratene Pferde, die weiter auf Leistung getrimmt werden, sind sehr unglücklich und irgendwann auch krank. Keiner muss seine Ziele aus den Augen verlieren, aber im Grunde sind beim Reiten doch zwei Lebewesen miteinander verbunden, die nur dann harmonisch miteinander sind, wenn sie aufeinander eingehen. Wir können nur im Gleichgewicht sein, wenn wir uns auch auf die Balance des Pferdes einlassen – und umgekehrt. Ein ausbalancierter Sitz braucht nun mal Zeit und ist nur stufenweise zu erlernen. Das Fallenlassen und das Einlassen auf den Rhythmus des Pferdes sind nicht über Nacht zu lernen, aber die einzigen Möglichkeiten, um eine Einheit mit dem Pferd zu werden. Alles andere kann in einem K(r)ampf enden, weil der Reiter aus Angst den Kopf und den Hals des Pferdes einschränkt, obwohl das Pferd beide braucht, um die Balance zu halten.

Gesunde Pferde sind immer instinktiv in der Lage, ihr Gleichgewicht unter dem Reiter herzustellen.

Indem wir ein Pferd einschränken, können wir es nicht besser kontrollieren. **Loslassen** ist aus meiner Sicht der Schlüssel zur Harmonie. Wer das beachtet, der bemerkt auch bei seinem Pferd Veränderungen: Es wird weicher und stimmt sich nach und nach sowohl körperlich als auch mental auf seinen Reiter und dessen Bewegungen ein. Pferde, die im Gleichgewicht sind, sind viel sicherer und zufriedener. Wer sein Pferd an Kopf und Hals fixiert und ausbindet, der nimmt ihm Sicherheit und Schutz. Verspannungen und Blockaden sind die Folge, die dann aber schwer wieder auszugleichen sind.

Hilfsmittel sind nicht grundsätzlich schlecht, aber es stellt sich immer die Frage, ob das Pferd sie braucht oder der Reiter. Wer Korrekturwerkzeuge einsetzt, der sollte sein Pferd unterstützen und nicht blockieren; und wenn eine Maßnahme keine Wirkung zeigt, dann sollte man sie überdenken und ggf. verändern. Wichtig ist nach meiner Erfahrung, dass Wert darauf gelegt wird, dass ein Pferd zu jeder Zeit seine Balance herstellen darf und kann.

Wir können ruhig Vertrauen in die Bewegungen unserer Pferde haben, denn sie sind viele Millionen Jahre ohne Reiter auf dem Rücken klargekommen. Vor diesem Hintergrund macht es aus Fairnessgründen mehr Sinn, sich ihrem Bewegungsrhythmus anzugleichen, anstatt sie zu fixieren und in eine Form zu pressen.

Stressanzeichen beim Pferd sollten erkannt werden, um dann wieder Entspannung einkehren zu lassen.

Entlastung ist wichtig, damit ein Pferd wieder innere und äußere Ruhe spürt. Ansonsten wird das Lernen sehr schwierig.

Auf Anspannung sollte immer Entspannung folgen, um ein Gleichgewicht herzustellen. Auf diese Weise erfahren Pferde Sicherheit und Orientierung. Beides brauchen sie dringend, um sich wohlzufühlen, lernen zu können und Vertrauen herzustellen.

Für die **Kommunikation vom Sattel aus** kommt dem Reitersitz eine extrem große Bedeutung zu. Wer nicht ausbalanciert und gleichmäßig auf seinem Pferd sitzt, der kann sich auch nicht widerspruchsfrei, klar und deutlich mitteilen. Zwar haben auch Pferde genau wie Menschen eine natürliche Schiefe, aber diese Ungleichheit sollten wir nicht zum Anlass nehmen, aus der Balance zu geraten, sondern bei der Hilfengebung berücksichtigen.

Reiter sollten immer wieder ihren eigenen Sitz überprüfen und verbessern wollen. Der Reitersitz beginnt beim Kopf, denn wenn dieser nicht frei und aufrecht getragen wird, dann durchzieht sich jede Verspannung durch den gesamten Körper. Beim Reiten selbst sollten wir hinschauen, wo wir hinreiten möchten und unsere Zielrichtung anvisieren. Die Blickrichtung leitet durch die entsprechende Kopfhaltung eine Bewegung ein. Dreht sich der Kopf des Reiters in eine bestimmte Richtung, gehen auch Hals, Schultern und Taille mit. Das Pferd wird der Bewegung folgen, wenn diese flüssig und unverkrampft abläuft. Nur durch eine entspannte und zielgerichtete Haltung des Reiters kann das Pferd im Gleichgewicht bleiben und deutlich wahrnehmen, was von ihm erwartet wird.

Ein Abknicken der Taille oder ein Hohlkreuz blockieren Reiter und Pferd gleichermaßen. Missverständnisse in der Kommunikation sind die Folge. Das Reiterbecken sollte gerade ausgerichtet sein und die Gesäßmuskulatur locker gehalten werden, denn ansonsten kann der Reiter sich den Bewegungen seines Pferdes nicht angleichen. Wer angespannt ist, verliert zudem jede Bewegungskontrolle über sein Pferd, weil Verspannungen die Einwirkung verhindern.

Die Lockerung der Muskulatur und die Überprüfung des eigenen Sitzes schaffen wieder Verbindung zum Pferd.

Ganz unabhängig von der Erfahrung und dem Leistungsstand eines Reiters empfehle ich immer gerne Fotos und Videos zu machen. Diese können nicht lügen und man kann sich objektiv mit seinem Sitz und der Durchlässigkeit seines Pferdes auseinandersetzen, denn subjektiv fühlt sich das Reiten nicht selten anders an als es aussieht.

Sitzt der Reiter im Gleichgewicht, dann kann er gezielt durch die Veränderung seines Sitzes die Bewegungsrichtung und das Tempo des Pferdes bestimmen. Mit Gewichtshilfen zu reiten, ist aus meiner Sicht viel besser und effektiver, als das Pferd nur über die Zügel zu lenken. Die Sitzposition ist entscheidend, um ein Pferd aktiv zu lenken.

Im folgenden Abschnitt soll es um Übungen gehen, die eine gezielte Hilfengebung beschreiben, damit eine einwandfreie Kommunikation zwischen Pferd und Reiter stattfinden kann – genau das sind die Basics, auf denen wir dann aufbauen können.

Basics

Es müssen Grundlagen geschaffen werden, damit Reiter und Pferd eine Einheit werden können. Das gemeinsame Agieren braucht eine Basis, die vor allem von korrekter Einwirkung geprägt ist. Nach meiner Erfahrung ist es wichtig, dass wir Bewegungsabläufe, die wir von einem Pferd erwarten, zuerst durchdenken, damit wir uns vorher klarmachen, was das Pferd braucht, um uns zu verstehen. Basisübungen sind hier der Schlüssel.

Damit ein Pferd lange gesund bleibt, sollte es auch gesund geritten werden. Für mich ist insbesondere die **Dehnungshaltung** an diesem Punkt extrem wichtig. Ein Pferd soll sich an die Hand heran in die Tiefe dehnen, wobei die Anlehnung hier entscheidend ist. Ich sehe nicht selten Pferde, die sich zwar nach vorne strecken, aber auseinanderfallen. Das ist keine Dehnungshaltung (egal, ob an der Longe oder unter dem Reiter), sondern langfristig eine schädliche Haltung für ein Pferd. Viele Reiter konzentrieren sich nur auf den Kopf- und Halsbereich ihrer Pferde und vergessen die Hinterhand, die unbedingt aktiv von hinten nach vorne durch den Körper schwingen muss (darauf kommen wir später nochmal genauer zu sprechen → siehe ab Seite 152). Das Vorwärts-Abwärts ist eine feinfühlige, impulsartige und taktvolle Übung.

Vorwärts-Abwärts / Dehnungshaltung

★ Die Dehnungshaltung kann nicht erzwungen, sondern nur „erfragt" werden. Am einfachsten kann nach meiner Erfahrung die Dehnungshaltung beim Leichttraben erreicht werden. Der Trab sollte zwar recht flott, aber nicht hektisch sein. Durch den Zwei-Takt bzw. die diagonale Bewegung liefert ein Pferd mehr Schub von hinten und der Hals bietet sich zur Balanceübernahme besser an.

★ Wenn das Pferd flüssig im gleichbleibenden Tempo läuft, dann stellt man es an den Zügel. Es wird also leichter, impulsartiger Druck aufgebaut und eine Verbindung zum Pferdemaul bzw. -kopf geschaffen. Nun können die Schenkel ebenfalls leicht und impulsartig am Pferdekörper klopfen.

★ Ist der Kontakt bzw. die Anlehnung sichergestellt, dann kann man die Zügel langsam durch die Hände gleiten lassen, sodass das Pferd Raum bekommt, sich zu dehnen – inwieweit, das ist eine Gefühlssache, denn beim Dehnen darf der Fleiß nicht verlorengehen bzw. das Pferd nicht auseinanderfallen. Das wäre das Gegenteil von dem, was wir wollen.

★ Der Reiter kann spüren, ob sich der Pferderücken aufwölbt oder ob das Pferd sich nur mit dem Kopf- und Halsbereich nach vorne streckt. Hebt sich das Pferd aus der Dehnungshaltung heraus, dann nimmt man die Zügel wieder kürzer und fragt neu. Gleiches gilt bei Taktverlust.

★ Wir wollen ein Pferd, das fleißig im Takt tritt, innerlich und äußerlich losgelassen ist, einen aufgewölbten Rücken hat und mit den Hinterbeinen weit unter den Körper tritt (angepasst an den Körperbau). Auch sollen die Vorderbeine aus der Schulter frei schwingen. Der Hals ist vorwärts-abwärts gedehnt, wobei die Nase des Pferdes abhängig von der Körperkonstitution etwa auf Buggelenkshöhe ist. Der Halsansatz ist angehoben und das Genick entspannt. Die Nase ist unbedingt **vor** der Senkrechten und das Pferd bewegt sich federnd und losgelassen.

★ Die vorangegangene Ausführung macht deutlich, dass die korrekte Dehnungshaltung keine einfache Übung ist. Dies gilt insbesondere für junge und schlecht bemuskelte bzw. verspannte Pferde. Daher sollte das Vorwärts-Abwärts nicht allzu lange an einem Stück gefordert werden, sondern dem Trainingsstand des jeweiligen Pferdes angepasst werden. Pausen sind sehr wichtig.

Der korrekte Weg ist für mich immer eine gesunde Mischung aus Dehnungshaltung, Versammlung, weiteren Übungen zur Gymnastizierung und Entspannung. (Hierauf wird weiter hinten im Buch noch ausführlich eingegangen → siehe ab Seite 140.)

Egal, welche Übung wir mit unserem Pferd machen, es geht immer darum, dass sich die Verständigung zu unserem Pferd stetig verbessert. Ein Pferd sollte sich unter dem Reiter formen und führen lassen, stetig bereitwilliger und durchlässiger werden, sprich sich immer weicher auf die reiterlichen Hilfen einlassen. Nach meiner Erfahrung ist es wichtig, wenn wir dazu die Übungen, die wir von einem Pferd verlangen, nach und nach in ihrer Schwierigkeit erweitern und nicht gleich Großes fordern. Das Zusammenwirken unserer Hilfen müssen wir so abstimmen, dass diese dem Pferd ermöglichen, immer gleichmäßiger und harmonischer in seinen Bewegungen zu werden. Eine große Unterstützung dabei ist das Biegen auf exakten Kreislinien. Um einem Pferd die Vorwärtsbewegung in der **direkten Biegung** zu erleichtern, setze ich gerne Pylonen oder Tonnen als Ankerpunkte ein. Diese helfen dem Pferd, sich zu orientieren und sind auch dem Reiter eine Stütze. Ich möchte, dass ein Pferd lernt, sich geschmeidig zu biegen und gleichzeitig aktiv unterzutreten.

Reiten in direkter Biegung

★ Ich reite die direkte Biegung gerne in einem fleißigen Schritt. Das erleichtert dem Pferd das Lernen. Tempo kann ich später, wenn alles gelingt, immer noch aufbauen.

★ Bei der direkten Biegung muss der innere Reiterschenkel gezielt zum Einsatz kommen; er bestimmt durch Lage und Einsatz über den Biegungsgrad des Pferdes.

- Der innere Zügel wird weg vom Hals des Pferdes genommen und wirkt korrigierend, sprich dann, wenn der Pferdekopf nach außen geht.
- Der äußere Zügel nimmt leichten Kontakt auf.
- Der innere Schenkel wird treibend eingesetzt.

★ Wenn das Pferd die eingesetzten Pylonen/Tonnen nicht ausreichend beachtet und den Abstand verkleinert bzw. zu weit nach innen driften, dann kommt der innere Schenkel vermehrt zum Einsatz.

Vergrößert es den Zirkel und entfernt sich zu weit von der Pylone/Tonne, sollte es mit dem äußeren Zügel und dem äußeren Schenkel begrenzt werden.

★ Die Gewichtsverteilung, also der Sitz des Reiters, ist bei dieser Übung ausschlaggebend: Wer sein eigenes Gewicht zu sehr nach innen lehnt, der bringt sein Pferd dadurch ungewollt nach außen.

Steht das Pferd schief, sprich die Hinterhand des Pferdes kommt zu weit nach außen, dann treibt der innere Reiterschenkel zu weit hinten.

★ Es wird deutlich, dass die direkte Biegung eine sehr wichtige Lektion ist, die es jedem Reiter ermöglicht, zu überprüfen, ob das Pferd exakt auf einer gedachten Linie läuft.

Wenn die direkte Biegung in allen drei Gangarten gelingt, dann kann mit der **indirekten Biegung** darauf aufgebaut werden. Auch hierbei biegt sich das Pferd auf einer vorgegebenen unsichtbaren Linie – allerdings verläuft die Bewegung sowohl vorwärts als auch seitwärts.

Reiten in indirekter Biegung

★ Am besten erarbeitet man diese Übung durch das Reiten einer Acht. Dabei können zwei Pylonen/Tonnen helfen, damit man auf der gedachten Linie bleibt.

★ Das erste Hindernis umreitet man in der direkten Biegung, während man dann beim zweiten das Pferd nicht in die gewohnte Biegung stellt, sondern in der ursprünglichen Haltung lässt. Es wird also in Konterbiegung um die zweite Pylone geritten und ist damit nicht in Bewegungsrichtung gestellt. In einer diagonalen Seitwärts-Vorwärts-Bewegung wird das Pferd in einem gleichmäßigen Kreis geritten. Zurück wird es wieder in direkter Biegung gestellt.

★ Nach der Umkreisung der ersten Pylone/Tonne in direkter Biegung wirkt der innere Zügel impulsartig ein, um die Konterbiegung um das zweite Hindernis einzuleiten. Der innere Schenkel gibt Impulse, und zwar dann, wenn sich das äußere Vorderbein des Pferdes in der Lösephase befindet. Der von der Pylone/Tonne abgewandte Schenkel gibt dosierte und korrekt platzierte Impulse. Der von der Pylone/Tonne abgewandte Zügel stellt das Pferd in der Biegung ein und sorgt durch Impulse dafür, dass es seitlich weicht. Das Pferd macht nun in der Konterbiegung mit der Vorhand einen größeren Bogen als mit der Hinterhand.

★ Die Konterbiegung verlangt ein präzises Einwirken des Reiters auf das Pferd. Ist die Hilfengebung nicht optimal, dann wird das Pferd die gedachte Linie verlassen oder die Biegung verweigern. Das ist nicht schlimm, sondern einfach eine Sache der Signalüberprüfung. Der Kopf sollte umgestellt werden und eine Volte in direkter Biegung geritten werden. Wiederholungen sind immer besser als Zwang und Krafteinwirkung.

★ Da die indirekte Biegung für Pferde herausfordernd und auch anstrengend ist, sollte jeder korrekte Schritt in der Konterbiegung vonseiten des Reiters anerkannt und als Erfolg gewertet werden.

Die bisher dargestellten Lektionen sind ein effektiver Weg, damit ein Pferd gut an den Hilfen steht, geschmeidig in seinen Bewegungen bleibt, sich willig biegt und nachgibt. Auch die Balance wird geschult und das Pferd wird in seinen Bewegungs-abläufen immer präziser und sicherer. Auf dieser Grundlage lassen sich weitere Übungen erarbeiten. Hierzu zählen vor allem die **Vor- und Hinterhandwendung**. Beides sind wichtige Lektionen, denn als Reiter sollten wir immer gewillt sein, den kompletten Körper des Pferdes genau und koordiniert bewegen zu können.

Vorhandwendung *(mit der Hinterhand um die Vorhand)*

★ Am Boden haben wir bereits die Grundlage für diese Übung gelegt. Vom Sattel aus ist es dann für ein Pferd viel leichter. Das Ziel ist ein Pferd, das mit seinen Vorderbeinen auf einem kleinen Bereich tritt, während sich die Hinterhand in einem (Halb-)Kreis herumbewegt.

★ Die Hinterhand des Pferdes bewegt man am besten durch den Einsatz eines Zügels und eines Schenkels. Das Reitergewicht wird zudem leicht in die Richtung verlagert, in die das Pferd mit seiner Hinterhand treten soll. Mit dem entgegengesetzten Schenkel wird sanfter Druck aufgebaut.

★ Soll das Pferd beispielsweise nach links treten, dann übt der rechte Schenkel sanften Druck hinter dem Gurt aus, um dem Pferd zu vermitteln, dass es seine Hinterhand bewegen soll.

★ Währenddessen wird der linke Zügel aufgenommen und in Richtung Widerrist des Pferdes gebracht. Automatisch sucht das Pferd sein Gleichgewicht, wird mit der Hinterhand untertreten und diese nach rechts bewegen.

★ Hat das Pferd einen korrekten Schritt absolviert, verlagert der Reiter sein Gewicht wieder mittig und der Schenkeldruck hört auf. Die Verbindung zum Maul/Kopf bleibt aufrechterhalten, bis das Pferd leicht gebogen stehenbleibt.

★ Auf diese Weise kann man durch Wiederholungen dafür sorgen, dass das Pferd lernt, eine Vorhandwendung ohne Schenkeleinsatz vonseiten des Reiters zu machen.

Hinterhandwendung
(mit der Vorhand um die Hinterhand)

★ Bei dieser Übung soll das Pferd mit seiner Vorhand in einem (Halb-)Kreis um die Hinterhand gehen. Die Hinterbeine treten nur auf einem kleinen Bereich. Zunächst bringt man das Pferd durch kurze Impulse am inneren Zügel in eine leichte Biegung. Nun wird die Zügelhand etwas nach oben und innen genommen, um das Vorderbein des Pferdes zu führen.

★ Das Reitergewicht wird nach hinten verlagert, damit das Pferd seine Vorhand bewegt. Auch kann es so sein Gewicht besser auf seine Hinterhand verlagern.

★ Der äußere Schenkel treibt nun leicht am Gurt, während der innere Raum gibt. Das Pferd soll mit dem entsprechenden Vorderbein in die gewünschte Bewegungsrichtung treten.

Sowohl die Vor- als auch die Hinterhandwendung sind sehr gute Übungen, um zu überprüfen, ob das Pferd zuhört und bereitwillig mitarbeitet.

Gleiches gilt für das **Rückwärtsrichten**. Viele Reiter wollen vor allem schnell voran, dabei wird das Rückwärts nicht selten vernachlässigt, obwohl ihm aus meiner Sicht ein unterschätzter Wert im Pferdetraining zukommt. Da Pferde aus natürlichen Gründen vorwärts denken, müssen sie bei dieser Übung lernen, umzudenken, und zwar nach hinten.

Die Koordinations- und Balancefähigkeit verbessern sich beim Rückwärtstreten enorm. Sowohl der Reiter als auch das Pferd profitieren von dieser Übung langfristig.

Nicht wenige Reiter zerren ihren Pferden erheblich im Maul, um sie zum Rückwärtsgehen zu bekommen. Das ist überhaupt nicht nötig! Außerdem verbindet das Pferd mit dem Rückwärtsgehen auf diese Weise sehr schnell Negatives, weil das Ziehen am Kopf oder im Maul extrem unangenehm bis schmerzhaft ist. Zwar gehen manche Pferde irgendwann zurück, aber sie verspannen sich und werfen auch gelegentlich den Kopf hoch, um sich zu entziehen. Auch gehen diese Pferde selten auf gerader Linie rückwärts, weil das weder die Koordination des Reiters noch ihr eigenes Gleichgewicht zulässt. Dabei ist besonders das Rückwärtsrichten gut dazu geeignet, an der Feinabstimmung der Hilfen zu arbeiten und sein Pferd besser in die Balance zu bekommen.

Rückwärtsrichten

★ Zu Beginn reichen bei dieser Übung wenige, aber dafür exakt ausgeführte Tritte nach hinten. Ich möchte ein ausbalanciertes Pferd, das weit untertritt, seinen Rücken wölbt und auf einer gedachten geraden Linie bleibt. Es soll flüssig in seinen Bewegungsabläufen sein, seine Schulter heben und rhythmisch im Takt rückwärtstreten.

★ Aus dem Stand heraus verlagere ich mein Gewicht im Sattel nach hinten. Man sollte sich dabei aber nicht nach hinten lehnen, sondern eine Tendenz nach hinten haben und das Gewicht in die Steigbügel verstärken. Das Pferd soll das Reitergewicht suchen und nach hinten denken.

★ Parallel können mit beiden Schenkeln leichte Impulse gegeben werden. Später wird das nicht mehr gebraucht, denn das Pferd soll lernen, nur auf die Gewichtsverlagerung zu reagieren. Am Anfang ist der vorsichtige Schenkeleinsatz aber wichtig.

★ Weicht das Pferd nach vorne aus, dann können die Zügel eingesetzt werden, damit der Weg nach vorne blockiert wird, und zwar so lange, wie das Pferd weiter nach vorne möchte. Dadurch merkt es, dass es beim Vorwärtstrieb keine Druckentlastung bekommt.

★ Verlagert das Pferd sein Gewicht nach hinten und tritt rückwärts, lobe ich jede kleine Tendenz (auch erste Ansätze in die richtige Richtung) mit Druckentlastung.

★ Weicht das Pferd von der gedachten geraden Linie ab, dann greife ich korrigierend ein, überprüfe aber auch meinen Sitz und meine Hilfengebung.

★ Wenn das gerade Rückwärtstreten gut gelingt, dann kann die Übung durch Slalom- oder Zirkelarbeit erweitert werden, um den Schwierigkeitsgrad zu erhöhen.

Gymnastizieren

Das Gymnastizieren ist nach meiner Erfahrung eine der wichtigsten Aufgaben, die ein verantwortungsbewusster Reiter erfüllen sollte.

Wer ein gesundes, bewegliches und schmerzfreies
Pferd haben möchte, der legt großen
Wert auf das Gymnastizieren.

Ziele gymnastizierender Arbeit

★ **Entlastung**

Durch Dehnung und Biegung wird mehr Nachgiebigkeit erzeugt.

★ **Bewegungsfähigkeit**

Durch Lockerungsübungen und rhythmische An- und Entspannung der Muskeln wird die Motilität verbessert.

★ **Ausdauer**

Durch gezieltes Training wird die Kondition unter Berücksichtigung der Leistungsfähigkeit stetig erhöht.

★ **Stärkung**

Durch entsprechende Übungen werden die Gelenke, Bänder und Sehnen gekräftigt.

★ **Muskelaufbau**

Durch die Lektionen wird mehr Trag- und Schubfähigkeit entwickelt.

★ **Balance**

Durch das konsequente Trainieren findet das Pferd mehr und mehr sein Gleichgewicht.

★ **Entspannung**

Durch alle gymnastizierenden Übungen wird die mentale und körperliche Losgelassenheit gefördert.

Stellung, Biegung und Haltung haben immer nur dann einen gymnastizierenden Effekt, wenn sie ausbalanciert, gleichmäßig und rhythmisch über einen längeren Zeitraum trainiert werden.

Aspekte effektiver Gymnastizierung

★ Regelmäßigkeit,

★ Takt und Rhythmus,

★ Ausgewogenheit,

★ angepasstes Tempo,

★ präzise Linienführung,

★ Orientierungshilfen (Tonnen, Pylonen oder Zäune bzw. Begrenzungen), um Reiter und Pferd eine Ausrichtung zu bieten.

Alle Übungen, die im Folgenden vorgestellt werden, sollten gewissenhaft und präzise ausgeführt werden. Außerdem ist es grundsätzlich sehr wichtig, dass alles, was mit einem Pferd gemacht wird, sowohl an dessen als auch an den eigenen Trainings- und Ausbildungsstand angepasst wird. Eine vorausgehende Dehnungs- und Lockerungsphase ist für ein Gelingen voraussetzend.

Pferde sollten ausreichend gedehnt und gelockert werden, damit sie den Ansprüchen des Trainings körperlich und mental gewachsen sind.

Schultervor

★ Das Schultervor ist eine sehr gute Vorübung zu den Seitengängen. Durch diese Lektion wird ein Pferd an die Längsbiegung gewöhnt und lernt, die vermehrte Lastaufnahme des jeweiligen inneren Hinterbeins.

★ Ich möchte ein Pferd, das beim Schultervor mit einer ganz leichten Abstellung und geringer Längsbiegung geht. Das innere Hinterbein soll in Richtung bzw. beinahe zwischen beide Vorderbeine fußen, während das äußere Hinterbein in die Spur des äußeren Vorderbeins tritt.

★ Bei der Hilfenstellung hat es sich bewährt, sich vorzustellen, dass man auf einen Zirkel abwenden möchte, dann aber unter Beibehaltung der Längsbiegung geradeaus reitet.

★ Wer wechselseitig auf beiden Händen trainiert, der regt sein Pferd nicht nur effektiv dazu an, mit der Hinterhand schmaler zu spuren, sondern bereitet es auch auf die Versammlung vor.

★ Da das Schultervor nur mit einer geringen Stellung geritten werden soll, wird der innere Zügel leicht angenommen, während der äußere Zügel ein wenig nachgibt, um die Stellung zu ermöglichen. Gleichzeitig sollte er aber begrenzend wirken, damit das Pferd die Last auf das hintere Innenbein bringt. Der innere Zügel wirkt, wenn nötig, korrigierend auf die Stellung des Pferdekopfes ein.

★ Der innere Schenkel liegt treibend am Gurt und bildet gemeinsam mit dem äußeren Zügel die diagonale Hilfengebung. Der äußere Schenkel liegt passiv leicht hinter dem Gurt und korrigiert bei Bedarf das Ausweichen der Hinterhand. Das Reitergewicht ist etwas nach innen verlagert.

★ Wichtig ist, korrigierend einzugreifen, wenn das Pferd zu viel abgestellt ist oder zu sehr in der Längsbiegung läuft.
Manche Pferde wenden einfach ab, um sich zu entziehen. Hier muss dann der innere Schenkel etwas mehr treiben.

★ Neben dem impulsartigen Einsatz des inneren Zügels muss der äußere die Stellung zulassen. Ist dies nicht der Fall, dann wird das Pferd dem Druck ausweichen wollen und sich im Genick verwerfen.
Auch der innere Zügel sollte nicht zu kurz gehalten werden, damit das Pferd nicht über die äußere Schulter fällt.

Neben dem Schultervor bietet sich zur effektiven Gymnastizierung auch das **Schulterherein** an. Letzteres wird immer wieder angepriesen, wenn es darum geht, Rittigkeitsprobleme in den Griff zu bekommen. Ich kann das bestätigen. Das Schulterherein ist eine wirklich effektive Übung, um eigene Defizite aufzudecken und das Pferd durchlässiger zu machen. Beim Schulterherein wird das Pferd gleichmäßig gebogen, und zwar in einer Vorwärts-Seitwärts-Bewegung. Damit zählt diese Übung zu den Seitengängen und ist zudem eine versammelnde Übung. Die Hinterhand des Pferdes muss also mehr Last aufnehmen, wobei das Pferd die Hanken (das sind die großen Gelenke der Hinterhand: Hüftgelenk, Kniegelenk und Sprunggelenk) beugt und die Kruppe absenkt. Entsprechend wird die Vorhand entlastet und der Pferderücken wölbt sich auf. Mit dem Schulterherein wird die äußere Schulter des Pferdes freier, der äußere Rückenmuskel wird gedehnt, die Hinterhand gestärkt, wodurch mehr Schub- und Tragkraft entwickelt wird, das Genick gelockert und die Durchlässigkeit gefördert, da das Pferd nun feiner auf die seitlich treibenden Hilfen reagiert.

Schulterherein

★ Beim Schulterherein soll sich die Hinterhand des Pferdes geradeaus auf dem Hufschlag bewegen, während die Vorhand in die Bahn gestellt wird. Dadurch läuft das Pferd nicht nur auf zwei, sondern auf drei oder sogar vier Hufschlägen. Es wird deutlich, wie wichtig die Biegung ist, damit diese Übung gelingt.

★ Reitet man das Schulterherein auf drei Hufschlägen, ist die Vorhand soweit nach innen gestellt, dass der innere Hinterhuf in die Spur des äußeren Vorderhufs tritt.

Wird die Lektion auf vier Hufschlägen geritten, dann kreuzt das Pferd die Hinterbeine leicht, da die Hinterhand aufgrund der Biegung nicht weiter geradeaus laufen kann. Nun kann man sicherlich einwenden, dass kreuzende Hinterbeine kein Schulterherein mehr sind, sondern Schenkelweichen. Hier gehen die Fachmeinungen auseinander und jeder mag sich sein eigenes Urteil bilden, ob die starke Abstellung korrekt ist oder nicht. Aber eins ist klar und das ist entscheidend: Der Gymnastizierungseffekt bleibt, so lange der Rücken aufgewölbt wird.

★ Die Hilfen, die beim Schulterherein zum Einsatz kommen, sind der Hilfengebung beim Reiten einer Volte recht ähnlich. Daher ist es sinnvoll, wenn man das Pferd auf das Abwenden in eine Volte vorbereitet, um das Schulterherein einzuleiten. Dann biegt man allerding nicht ab, sondern reitet weiter geradeaus.

★ Während der innere Schenkel für die Biegung zuständig ist (liegt am Sattelgurt) und rhythmische Impulse gibt, ist der äußere Schenkel verwahrend und begrenzt den Pferdekörper bzw. verhindert, dass das äußere Hinterbein nach außen ausbricht (liegt eine Handbreit hinter dem Gurt).

★ Der äußere Zügel begrenzt die Schulter durch das Anlegen an den Pferdehals und ermöglicht parallel die Kopfstellung nach innen. Der innere Zügel hält die Stellung aufrecht.

★ Ob das Reitergewicht nach innen oder in Bewegungsrichtung, sprich nach außen, verlagert wird, ist eine „Geschmackssache" und wird immer wieder diskutiert. Ich meine, dass das jeder für sich ausprobieren kann und dann automatisch feststellt, was für ihn und sein Pferd am sinnvollsten ist. Ich selbst verlagere mein Gewicht in Bewegungsrichtung, weil ich das Gefühl habe, dass ich das Pferd auf diese Weise am besten in seiner Gleichgewichtsfindung unterstütze. Letztlich geht es aber um leichte Abstufungen, denn im Grunde sollte der Reiter in erster Linie zentriert sitzen, um das Pferd in seiner Bewegung nicht zu stören. Daher ist die Gewichtshilfe aus meiner Sicht eine Gefühlssache, die individuell gelöst werden kann.

★ Das Ausbrechen der äußeren Schulter ist ein häufiger Fehler, der beim Schulterherein nicht selten passiert. Um dem entgegenzuwirken, sollte sich nicht zu sehr auf den inneren Zügel konzentriert werden, der letztlich das Ausbrechen der Schulter verursacht, sondern der äußere Zügel fokussiert werden. Dieser sorgt dafür, dass die Schulter nach innen gebracht wird.

★ Das Schulterherein hilft wirklich bei sehr vielen Problemen und ist jedem zu empfehlen, der ein durchlässiges und geschmeidiges Pferd haben möchte. Natürlich ist es keine leichte Lektion, aber üben hilft. Zudem kann man nicht so viel falsch machen – und selbst kleinere Fehlerchen bringen das Pferd dennoch in die Biegung, die gymnastizierend ist.

Schultervor und Schulterherein sind beides Übungen, die nur durch Trainieren wirklich gut werden können.

Die Geduld sollte man nicht verlieren, sondern weiter stetig an sich arbeiten, denn auf die Nuancen der Hilfengebung kommt es an.

Wichtig ist grundsätzlich, nie hinter der Bewegung des Pferdes zu bleiben. Das bedeutet, dass der Reiter versuchen sollte, immer gut in der Bewegung des Pferdes zu sitzen, um das Ausfallen der äußeren Schulter zu vermeiden, und das Pferd in seinem Bewegungsfluss nicht zu blockieren.

Aus dem Schultervor und dem Schulterherein kann, wenn beides gelingt, **das Schenkelweichen/der Side-Pass** entwickelt werden.

Beim Schenkelweichen soll eine flüssige Vorwärts-Seitwärts-Bewegung entstehen. Seitengänge gymnastizieren das Pferd sehr effektiv und bauen auf die bisherigen Übungen auf. Dabei soll das Pferd nicht durch den Reiter in seinem Vorwärtsschub gebremst werden, sondern die Vorwärtsbewegung soll in eine Seitwärtsbewegung umgewandelt werden. Die Lektion gehört zu den lösenden Übungen und fördert die Durchlässigkeit des Pferdes.

Schenkelweichen

★ In der Vorwärts-Seitwärts-Bewegung soll das Pferd sein inneres Hinterbein und das innere Vorderbein schräg vor das jeweils äußere setzen – die Beine kreuzen sich also. Dabei ist das Pferd leicht nach innen gestellt, aber nicht in der Biegung.

★ Die Hallenbande oder eine Reitplatzbegrenzung können zu Beginn eine große Unterstützung sein, um sich besser zu orientieren. Reitet man das Schenkel weichen entlang der langen Seite, bewegt sich das Pferd mit einer Abstellung von etwa 45 Grad zur Bande hin.

★ Während man mit seinem inneren, vorwärts-seitwärts treibenden Schenkel (liegt eine Handbreit hinter dem Sattelgurt) die Bewegung des Pferdes veranlasst, rahmt der äußere, verwahrende Schenkel (liegt ebenfalls eine Handbreit hinter dem Sattelgurt) das Seitwärtstreten ein. Der äußere Schenkel sollte deutlich passiver sein als der innere und die Hinterhand begrenzen, um sie am Ausweichen zu hindern.

★ Die beste Orientierung ist gegeben, wenn das Pferd zunächst noch mit seinem Kopf in Richtung Bande blickt. Später kann die Lektion so ausgeführt werden, dass das Pferd in die Hallenmitte schaut. Auch eine schnellere Gangart ist natürlich möglich.

★ Die Hilfengebung am Beispiel des Schenkelweichens nach rechts:

   • Zunächst wird das Pferd nach rechts gestellt.

   • Die Hinterhand wird dann mit einer leichten Abstellung in die Bahn dirigiert. Dazu belastet man am besten seinen inneren Gesäßknochen und treibt impulsartig mit dem inneren (hier rechten) Schenkel, der leicht hinter dem Gurt liegt, und zwar dann, wenn das innere Hinterbein des Pferdes abfußt.

   • Damit die Vorwärtsbewegung erhalten bleibt, sollte das Tempo weder zu langsam noch zu schnell sein.

   • Eine Verbindung zum Pferdemaul/Kopf sollte bestehen bleiben, wobei der äußere Zügel so weit nachgibt, wie es die Stellung verlangt.

   • Der innere Zügel sollte nur leicht angenommen werden und sofort nachgeben, wenn das Pferd nachgibt.

★ Wenn das Pferd die Lektion verstanden hat und locker, flüssige sowie entspannt einige Schritte an allen Seiten und in zu allen Ecken in der Vorwärts-Seitwärts-Bewegung läuft, dann können die Anforderungen nach und nach gesteigert werden, indem die Anzahl der Schritte erhöht wird, eine schnellere Gangart eingelegt wird oder sogar das Pferd auf zwei Hufschlägen zum Seitwärtstreten animiert wird. Die Übung kann dann auch ohne Begrenzung geritten werden.

Um das Zusammenwirken von Pferd und Reiter zu stärken, hat sich insbesondere die **Zirkelarbeit** bewährt. Diese verbessert darüber hinaus nicht nur das Seitwärtstreten, sondern sorgt dafür, dass das Pferd insgesamt durchlässiger und geschmeidiger in seinen Bewegungen wird. Beim Verkleinern und Vergrößern des Zirkels sollte der Reiter sein Pferd auf verschiedenen Kreislinien präzise lenken und bewegen können, wobei das Pferd auf minimale Einwirkung willig und nachgiebig reagiert. Dabei soll es immer wieder auch bei kleineren Zirkeln seine Balance finden und wird auf diese Weise optimal auf die Versammlung vorbereitet (➔ siehe ab Seite 151).

Zirkelarbeit

★ Um dem Pferd (und auch sich selbst) eine Orientierung zu bieten, kann man mit Pylonen oder Tonnen arbeiten, die mittig in den Zirkel gestellt werden.

Das erleichtert einem auch selbst die Linienführung, die geritten werden soll, zu überprüfen.

★ Wenn das Pferd im Schritt saubere Kreise in der gewünschten Größe läuft, dann kann man recht schnell die Gangart erhöhen. Die Galopparbeit bietet sich bei dieser Übung an, zumal das Pferd sehr gut durch vorangegangene Gymnastizierung darauf vorbereitet wurde.

Im Galopp sollten zunächst größere Kreise um eine Pylone/Tonne geritten werden. Läuft das Pferd nicht sauber, dann sollten die Schenkel korrigierend eingesetzt werden.

★ Lässt das Pferd sich gut formen und hält die geforderte Kreislinie, können die Zirkel durch den Einsatz des äußeren Schenkels und Zügels verkleinert werden. Wie bei dem Verlauf einer Schraube kann man sich nach und nach spiralartig dem Marker in der Zirkelmitte nähern.

★ Um seine Balance nicht zu verlieren, muss das Pferd nun immer wieder sein Gleichgewicht suchen und dabei mit seinen Hinterbeinen weit unter seinen Schwerpunkt treten. Fällt das einem Pferd schwer, dann sollte es nicht aus der Übung entlassen werden, sondern die Kreise wieder größer geritten werden. Das ist bereits eine Erleichterung für das Pferd und es kann seine Balance erneut suchen.

★ Sowohl bei der Verkleinerung als auch bei der Vergrößerung des Zirkels sollte das Pferd leicht nach innen gebogen sein.

★ Eine Volte sollte nicht kleiner geritten werden, als es für das jeweilige Pferd möglich ist. Hier ist etwas Fingerspitzengefühl gefragt. Was heute noch nicht so perfekt klappt, kann in der nächsten Trainingseinheit deutlich besser funktionieren.

Wer die Zirkelarbeit mehrfach wiederholt und fest in seinen Trainingsablauf einbaut, der wird schnell feststellen, wie wendig und ausbalanciert sein Pferd wird. Neben der verbesserten Technik des Pferdes und dem Aufbau des Gleichgewichtssinnes ist auch die Muskelkräftigung leicht spürbar. Künftig wird das Pferd noch deutlich besser an den Hilfen stehen und flüssiger die Trab- und Galopparbeit absolvieren können. Der Reiter wird merken, dass die Einwirkung auf die Zäumung nicht mehr erforderlich ist.

Das Ziel sollte immer ein Pferd sein, das sich durch vorangegangene Gymnastizierung freiwillig dehnt. Es sollte sein Gewicht mehr auf die Hinterhand verlagern, unter seinen Schwerpunkt treten, den Rücken wölben und fleißig vorwärtsgehen.

An diesem Punkt ist ein Pferd optimal auf die **Versammlung** vorbereitet, bei der es mit seinen Hinterbeinen mehr Last aufnimmt und durch die Beugung der Hanken die Kruppe absenkt. Gleichzeitig soll sich die Vorhand aufrichten, wobei sich das Pferd hinten senkt, seinen Rücken aufwölbt und sich dadurch sein Rahmen verkürzt. Der Schwerpunkt des Pferdes ist nun weit zurückliegend und tief.

Merkmale eines versammelten Pferdes

★ Harmonische und flüssige Bewegungsabläufe, die ein weiches Sitzen ermöglichen.

★ Das Gefühl „bergauf" zu reiten, wobei das Pferd sich ruhig, aber voller Kraft bewegt.

★ Feines Reagieren vonseiten des Pferdes auf jede Hilfengebung.

★ Bereitwilliges Einnehmen der Dehnungshaltung.

★ Biegungen werden einwandfrei umgesetzt, ohne über die Schulter auszubrechen.

★ Der Pferdehals ist aufgerichtet, der Rücken leicht nach oben gewölbt und die Kruppe geneigt, wobei das Genick des Pferdes ist der höchste Punkt.

Da die Hinterhand als Motor des Pferdes für die nötige Schub- und Tragkraft sorgt, müssen wir durch gezielte Übungen die Aktivierung der Hinterhand fördern und fordern.

Nur mithilfe einer aktiven Hinterhand
kann die Versammlung erreicht werden.

Es ist letztlich die Hinterhand, die das Pferd vorwärtsgehen lässt und das Gewicht aufnimmt. Nur durch die nötige Tragkraft kann ein Pferd ausreichend Schwung entwickeln, um sich versammelt zu bewegen. Ausgewogenes Trainieren, um die Hinterhand hin zur Versammlung zu bringen, beinhaltet sowohl Reitlektionen als auch Longen- und Bodenarbeit. Das Zusammenspiel ist entscheidend, damit versammelnde Arbeit gelingt. Zeit ist ein wesentlicher Faktor, um mehr Tragkraft und eine Versammlung erreichen zu können. Schlussendlich wird bei einem effektiven Trainieren die Schubkraft in die Tragkraft umgewandelt.

Reitübungen zur Aktivierung der Hinterhand

★ Übergänge in allen Gangarten,

★ Tempowechsel,

★ im Wechsel rückwärtsrichten und wieder vorwärts anreiten,

★ Seitengänge,

★ über kleinere (oder auch mal größere) Hindernisse springen,

★ abwechslungsreiche Stangenarbeit,

★ Galopparbeit sowie

★ Bergauf- und Bergabreiten (im Gelände).

Auch am Boden können diese Lektionen trainiert werden. Die Grundlagen dafür sind bereits gelegt worden. So kann das Pferd beispielsweise durch ein mit Stangen geformtes L rückwärtsgerichtet werden oder durch Hinterhandwendungen gezielt die Lastaufnahme der Hinterhand gefördert werden. Auch Seitengänge sind dazu geeignet, die Muskulatur des Pferdes zu stärken und es insgesamt durchlässiger und weicher zu bekommen. Unabhängig davon, was wir mit unserem Pferd gemeinsam reiterlich oder vorbereitend bei der Bodenarbeit umsetzen und wie wir unsere Ziele formulieren, das ist immer wichtig:

Verlieren Sie nie den Blick für und auf Ihr Pferd, denn es kennt die Wahrheit und wird diese gnadenlos in allem spiegeln, was es tut und unterlässt.

Der Umgang mit Pferden ist zu jeder Zeit eine Gelegenheit, viel über sich selbst und auch über die Tiere zu lernen.

Abschlussgedanken

Einen Blick in die Zukunft wagen

Ein motivierter und zuverlässiger Partner Pferd entsteht nicht über Nacht. Die Beziehung zwischen Mensch und Pferd braucht Zeit, um zu wachsen. Zwar haben die meisten Pferdemenschen reiterliche Ambitionen, sollten aber nach meiner Erfahrung immer wieder zu den Basics am Boden zurückkehren, denn hier werden die Grundlagen gelegt.

Partnerschaft mit dem Pferd setzt unmissverständliche Regeln für

das Miteinander voraus, an die sich beide Seiten

auch konsequent halten sollten.

Nach meiner Erfahrung hat jeder Umgang mit einem Pferd einen ausbildenden Charakter. Das bedeutet, dass das Pferd uns beobachtet und nach Mustern sucht, um sich orientieren zu können. Es möchte die Regeln wissen, damit es sich anschließen kann.

Wer sich also widersprüchlich oder wechselhaft verhält, macht einen „schlechten" Eindruck auf sein Pferd, weil er nicht verlässlich in seinen Ansagen und Überzeugungen ist. Alles, was wir entscheiden, tun oder nicht tun, hat eine Auswirkung auf ein Pferd. Jederzeit kann sich die Beziehung zu einem Pferd verändern – sowohl in die eine als auch in die andere Richtung.

Daher macht es Sinn, sich immer der „Energie" des eigenen Handels bewusst zu sein. Das gelingt aber nur, wenn man neben den Charaktereigenschaften und Neigungen seines Pferdes auch sich selbst hin und wieder kritisch betrachtet.

Der Umgang mit Pferden ist zu jeder Zeit eine Gelegenheit,
viel über sich selbst und auch über die Tiere zu lernen.

Das Lernen ist deshalb so entscheidend, um eine vertrauensvolle Bindung aufzubauen, weil jeder Mensch an einer anderen Stelle Defizite hat. Das ist nichts Schlimmes, sondern immer eine Chance. Ich erlebe in meinen Kursen sehr viele Pferdemenschen, die alle etwas anderes lernen können bzw. sogar dürfen. Während manche noch an ihrem Feingefühl oder ihrem Timing arbeiten sollten, müssen andere mehr Durchsetzungsfähigkeit entwickeln. Das eine ist nicht besser oder schlechter als das andere, so lange man bereit ist, über den Tellerrand zu schauen.

Gleichzeitig sollte auch der Blick aufs Pferd nicht in Vergessenheit geraten. Genau wie wir ist es ein Lebewesen, das ganz individuelle Eigenarten und Begabungen aufweist. Es hat Bedürfnisse, Gefühle und Verhaltensweisen, die Beachtung finden sollten, damit es sich gesehen und verstanden fühlt. Anders ist ein harmonisches Miteinander voller Vertrauen undenkbar.

Ich glaube, dass, wer offen für Neues bleibt, sich selbst auch mal objektiv betrachtet und zudem wirklich eine ehrliche und authentische Beziehung zu seinem Pferd wünscht, auf genau dem richtigen Weg ist, um eine tiefe Verbindung zueinander herzustellen.

In diesem Sinne wünsche ich allen Lesern, die es bis auf diese Seite „geschafft" haben, viel Motivation, Einfühlungsgabe, Freude und Geduld bei allem, was Sie mit Ihrem Partner Pferd in Zukunft erreichen möchten.

Maja Hegge

Dipl.-Päd. Susanne Kreuer

Pferdeflüstern für Kinder

Das Standardwerk mit vielen praktischen Tipps und Tricks Schritt für Schritt lernen

So werden *Pferde* zu deinen besten Freunden

Pepper Verlag

Bernd Hackl

Das Standardwerk viele Beispiele, praktische Übungen & Profi-Tipps reitweisenunabhängig

Reiten
Im Sinne des Pferdes

Pepper Verlag

Sandra Schneider

Wenn ihr endlich versteht
Aus der Dunkelheit ins Licht

Mit einem Vorwort von
Dr. Gerd Heuschmann

Pepper Verlag

Sandra Schneider

Denn ihr fühlt nicht wie wir
Tagebuch eines Pferdes

Mit einem Vorwort von Martin Rütter

Pepper Verlag